文經文庫 249

彼得·杜拉克這樣教我的

管理學之父留給我的黃金筆記

杜拉克管理學家 詹文明◎著

COSMAX
PUBLISHING Co.
Since 1981

文經社
Taiwan

推薦序一

一種經內化後的杜拉克思想菁華

元智大學講座教授　許士軍

儘管杜拉克這位大師離開他所關懷的人間社會，已經快整整四年了，然而人們——不管說那種語言，有那種膚色——仍然會想到他這個人和他留給世人的許多觀念和啟示。

事實上，今天人們津津樂道的有關知識社會和知識工作者的角色、非營利機構的意義以及多元社會，甚至生態危機、溫室效應等等課題，他在生前或幾十年前都已洞察先機。

誠如在他那本《旁觀者》（*Adventures of a Bystander, 1979*）自傳中所說的一句話：「人比概念來得有趣多了。」

真正讓人們懷念他的，還不在於他所扮演的「立言者」角色，而在於他這個人。這說明了人們喜愛《旁觀者》這本書的理由，也說明了何以你也會喜愛這本由詹文明先生所寫的《彼得．杜拉克這樣教我的》這本書的道理。

十分令人羨慕的，本書作者有機會進入杜拉克的學術殿堂，親炙他的教誨，如今他在這位老師身後，以學生感恩的心情寫出這本書。

本書之最可貴處尚不在於它所傳承的知識，而在於其中所蘊含的感恩和體悟與廣大讀者分享。

本書所強調的，就是作者想要以這種特殊的際遇，透過不同的文化觀點來理解杜拉克思想的精髓，省去讀者一般必須從譯作中去摸索和探究的障礙。

相信讀者在閱讀本書時將會發現，書中所引用的事例，很多就是發生在我們周遭，如此的熟悉和親切，然而，它們的根源乃來自作者對於杜拉克思維的深刻理解。

舉一個例子來說，在杜拉克教他「做對的事」比「把事做對」更為重要這件事上，作者就是用這道理應用在我們的高鐵和行政區劃上，使我們一看便懂。

像作者以這種方式詮釋杜拉克，將他所瞭解的道理放在我們的環境和制度，並且融入了我們生活和價值觀念，經過這層「增值」作用，使得原來的道理突然變為更妥切、更生動，也更容易被我們內化成自己的知識，讓讀者從中獲得深刻領悟和愉悅。

本來杜拉克在管理上的智慧，不是來自艱深的理論或小題大作式的科學研究，而是透過人性和社會透徹瞭解，掌握關鍵因素，配合外界環境和變化的形勢，化為有如佛家所稱「明心見性」似的語言。

同樣地，在本書中，我們也可以發現這一師承，作者將杜拉克的管理，簡簡單單地歸納為幾個要點，深入而淺出。

譬如以前此所稱要做「對的事」一點，經過本書的整理，它所說的，首先要認清什麼是對的事，然後要找對的人，用對的方法去做，其中包括要對資源做對的調配。

至於什麼是對的事，也就是「能為顧客創造價值」，或者就是為企業「創造顧客」的事；但是，更根本的是，這一切要能夠實現，領導者不但自己先要成為對的人，而且極為重要的，他必須要為機構培養對的接班人。這一段話，應該是任何領導人都必須銘記在心的座右銘。

杜拉克所說的管理，就是可以表達為這麼淺顯而易懂。像這樣的一本書，凡是有志管理的人，都值得好好一讀。

推薦序二

一枝掛滿魚鉤的釣竿

王品集團董事長　戴勝益

每次看到岸邊的釣客，我便會對他們肅然起敬，因為他們是生活的哲學家。往往釣魚的人，會把每條釣線繫上數個釣鉤，並放置可口的誘餌，引誘魚兒上鉤。而遠洋漁船的每條釣線上，更有數百個釣鉤，目的就是為了要讓大批魚兒入網。

假如有人在每條線只掛上一個釣鉤，那釣客的收獲必然會比別人差矣！職場打拚就跟眾人釣魚一樣，雖然目標只有一個，卻需要有多方面的努力和投入，才會有更多的收獲和更大的成功機會。

閱讀管理大師的黃金筆記，就像獲得一枝掛滿魚鉤的釣竿，職場上的寶貴知識，猶如魚兒般豐碩入袋，成功之路必定是機會滿滿！

自序

杜拉克為什麼和你想的很不一樣？

「在我十四歲生日前一個禮拜，我驚覺自己已成一個旁觀者。那天是一九二三年十一月十一日——再過八天就是我的生日了。」

這是恩師彼得．杜拉克生前回憶自己求知的過程，也不知是巧合抑或是上天的刻意安排，八十二年後同一天，即二〇〇五年十一月十一日上午八時，他在家中竟悄悄地走了。

當我第一時間透過南京大學商學院長趙曙明教授告知此一不幸消息時，只感到周邊的空氣彷彿急速稀薄起來，呼吸道也阻塞了，整個人的腦海中呈現一片空白，漸漸地浮現恩師授課時慈祥的臉龐，一幕幕景象竟已成追憶，心中的難過、沮喪，頓失依靠，非筆墨所能形容。

恩師杜拉克改變了我和我的家庭、事業及價值觀，當我第一次讀到「我能貢獻什麼？」時，就放棄了可以富有、可以享受的物質生活，立志成為一位「國際級企業佈道家」，以傳播、篤行、培養脫胎換骨的領導者為終身職志，要將杜拉克管理哲學思想推廣至全球每一個角落，以回報恩師的教誨與對人類的終極關懷和奉獻。

回憶在學院進修期間，當時ＭＢＡ班上同學，都是二十歲上下的年輕人，只有我年過四十。有時年輕同學無法理解老師所講的內容時，我會從旁協助，不久，他們要我充當助教，安排我講一堂「杜拉克管理哲學思想之探索」，結果竟來了近二十位同學。

但你若問我從恩師身上學到了什麼？就不只是他涉獵甚廣的知識與博學多聞的獨到見解而已，我從他身上學到的是他對基督教義的篤實實踐。例如他不愛大師的封號，不愛排場，不享受特權（如拒絕通關禮遇、婉拒總統召見，回絕「泰勒匙」授獎等等），不愛金錢，我從克拉蒙特的彼得·杜拉克學院教授中所得知的範例就是：

第一，他從不過生日

他的學生都知道老師的堅持，唯一一次例外是他八十大壽那年。當傑克·威爾許、安迪．葛洛夫……等一群CEO，計畫籌資六萬美元為杜拉克辦一場生日晚會時，他以一貫的口吻回應：「浪費時間」。但這群領導者也很老練，已經把生日帖子印妥了才當面邀請他參加，杜拉克在無法拒絕下，對他們提出三項要求後才勉強參加：一是預算必須降低到二萬美元以內，二是賓客不得超過五百名，三是下不為例。

第二，他的作息規律

在校期間因我寄宿的屋子，離他家僅十幾公尺遠，每晚見他九點半熄燈，早晨五點亮燈，攜著拐杖四周散步，每天如此，每週也如此。

第三，他的絕對奉獻

他捐助非營利組織、教會、博物館、醫院等，長達半個世紀之久。而且他履行的不只是基督徒的十一奉獻，而是十九奉獻，也就是將九成的版稅、講演所得捐出，僅留下一成家用。

從恩師杜拉克身上，我學到了「無限的智慧」。他一生最大的貢獻，如他所說：「有無數的人、無數的企業、無數的非營利組織、無數的政府部門的生命或命運因而變得不平凡、變得更偉大，而且還可以延續下去，直到永遠。」他首創的

「管理及管理學」（management），是二十世紀最偉大的社會創新，通過這項創新，人類社會將變得更富有、更和諧、更自由、更公義，也讓他在歷史上的地位與影響力，隨時間而遞增，會隨空間而強化。

很多人也許會問，究竟他教了我什麼？我願來分享近年來自己修鍊的一點點心得與實際有效作法，總結出「彼得・杜拉克教我的七件事」，這七件事改變了我的生活，也改變了我的一生，更改變了我們的家。究竟是那七件事呢？

一、「做對事」比「把事做對」重要。

二、你能對顧客貢獻什麼？

三、時間不用管理。

四、你現在最該做的一件事是什麼？

五、創造顧客而不是創造利潤。

六、沒有反對意見就不做決策。

七、組織不能只依賴天才來運作。

透過了這七件事，不斷地一次又一次釐清、理順、悟道，使自己一些似是而非或似非而是的觀念與概念，都能獲得澄清和正本清源，找到事務的真相與做事的本質，進而善用自己的長才，透過「有目的、有條理、有系統」的工作，予以有效地落實、紮根、茁壯且開花結果。

如今我每個月實際工作的天數不到十天，卻比我以往每月工作二十六天，且每天高達十六小時的成效還高，尤其在做事的品質上大幅提昇。對於未做過的事，也因為事前的規劃與邊界條件（內文第6件事裡舉例詳述）的訂定，使得原本十分複雜的關係變得單純，冗長的流程因而變短、變得有趣、變得直接而且高效，周邊的人也因此受惠，形成善的循環、善的團隊、善的成果，實在是一舉數得。

更教我訝異的是無需工作的二十天裡，不但能自我充電，吸收新知、沉澱、思考、溫教，又能撰寫文章、劇本、出書，使自己覺得多采多姿、豐富多元，生活十分有趣，感覺輕鬆愜意，偶爾也會安排尋幽探勝，出國旅遊，真的要感謝我的恩師——彼得．杜拉克的傳授和教導。

不過，我還是要效法恩師，不斷質疑現狀、質疑滿意、質疑績效與質疑貢獻，保持一種客觀而超然的態度，才不致於自滿、自大，忘了自己的任務和使命，也才能做到「謙受益，滿招損」的高標準，以無知的態度面對自己所熟悉的領域、所擅長的工作以及所有的問題，這是杜拉克一生的最好典範，更是我一輩子的必修功課。

坊間介紹或探討恩師杜拉克的財經管理類圖書雖然很多，在理論觀念、內容實質和操作方法上也都很有價值，無奈這些書籍大多是由國外學者所寫，作者在文化背景、價值觀念及思維方法上與國人的差異，以致閱讀價值被打了折扣；加上譯者對原作的時空背景、歷史淵源，很難做到有效準確地掌握，以及對中外語言的修煉還不夠，使譯文很難做到「信、達、雅」，無法呈現和表達出原作的水準，因此，讀者在研讀和實行杜拉克的管理學時，都會產生阻礙。

拙作是想從另一個角度，以另一種寫作方法，試圖承擔和扮演準確傳播彼得杜拉克管理學精髓和本質的角色。也是第一本以本土文化、思維及價值觀來傳播彼得杜拉克的管理理念、管理思維和管理方法的財經管理著作，盼望成為讀者學習與領會杜拉克原著的領航者；也想與讀者分享，在關鍵時刻，恩師彼得杜拉克為什麼和你想的很不一樣？

目次

彼得．杜拉克教我的第7件事

組織不能只依賴天才來運作

彼得·杜拉克教我的第1件事

「做對事」比「把事做對」重要

1

「美國的心跳」爲何會暫停？

通用汽車曾被美國媒體形容是「美國的心跳」，可見這一品牌在美國的重要性和影響力。但在一九九九年，杜拉克就預言說：「通用汽車將在美國三大汽車集團中消失。」果不其然，金融海嘯後這個預言應驗了。大師究竟是怎樣看出來的？

分出先後輕重

所謂「做對事」，就是要以客觀的成果來界定，但有時卻很難有標準可以衡量，通常只能以具體的成效來描述。因此，我們常聽人說：「一個人成功與否？要等蓋棺而定。」

所謂「把事做對」，則是講求戰術、力行方法、訴求技巧、有賴要領，這些就是可以用數量衡量的。換言之，就是要能找出對的方法、對的工具、對的途徑與對的製程、流程。

用杜拉克的管理語言來說：做對事即是「效能」（Effectiveness）。把事做對便是「效率」（Efficiency）。

做對事就是「道」，把事做對則是「理」，因此，綜合「做對事與把事做對」，就是所謂的「道理」。

「道」就是指方向選擇、策略思維、取捨定奪、是非抉擇，即制定使命、構建願景、選對產業、找對市場、尋對客戶、找對夥伴、鎖對研發、切對核心技術。

「理」則指邏輯、理順、釐清、恰理，找出合適的方法、途徑、通路、速度及成本，要以低成本獲取最大的效益。

不論是做對事或把事做對，不管是效能或效率，或道或理，都如鳥的雙翼，少了任何一翼，便再也飛不起來；像人的兩腿，少任何一腿，也都不良於行。不過，還是有先後輕重的區別，也有重要與次要的分別。

沒「做對事」的實例

有家綜合醫院一樓擺放鋼琴，當彈出優美旋律時，不但能舒解病人的病情，也能安慰家屬，還能提振醫護人員的工作效率，原本是個不錯的創意。但這家綜合醫院若標榜有多少的團體或多少個國家，曾到此觀摩與切磋，就會造成病人的干擾，影響醫院該有的寧靜需求。

醫院的效能就在於治好病人的病症，讓他們快速地離開醫院，回到自己的家與自己所屬的世界裡。

所以，設置鋼琴是對的，也是好的；但開放觀摩就不好了，因為這是本末倒置，絕對要儘量避免，大肆宣傳就更不宜。這不僅無助於醫院設立的目標，也違反醫療的宗旨。

還有一個例子，就是剛通車不久的台灣高鐵。雖然高鐵的快速，縮短了乘客南北往返所需的時間，因而也拉近了距離，擴大了生活通勤圈。

也就是說，人們由高雄到台北來上班，不再是一個遙不可及的夢，因為從南到北，最快九十分鐘就可以抵達，猶如從台北開車到新竹科學園區上下班，跟我們呼吸空氣一樣的自在自然，只是要付出不少的車資而已。

但是即使高鐵如此便利又快速，依然沒有獲得多數的乘客掌聲，通車後帶來的是噓聲四起，這到底是怎麼一回事呢？

最叫乘客所詬病的，就是「售票流程和售票系統」的不便，雖然車站裡也設了若干自動售票機，但多數乘客不熟悉操作，又無服務人員予以從旁協助，以致於乾著急。這跟隔壁的台鐵最大的不同，恐怕只是售票人員漂亮的制服和年輕貌美的微笑罷了，其他地方並沒有什麼兩樣。

另外每逢交通尖峰時段，乘客購票隊伍就拉得很長，但售票窗口數目依舊，又沒有替代方案，即使乘客心急如焚（誰叫你不提早出發，還能怪誰？）售票人員作業速度依然慢調斯理、氣定神閒。為什麼不能委託郵局或超商代售呢？排隊購票的時間甚至超過搭車的時間，高鐵是個新公司，怎麼能容許這樣落伍的購票機制？

乘客好不容易買到車票，上了月台後，由於標示不明，十分容易搭錯班車。進入車廂內一看，設備雖美卻不方便，例如坐下來卻少了踏腳板（台鐵自強號有此設置），腳只能置放於地板上。

過了一會兒，播音小姐傳來國語、英語、閩南語、客語等四種語言的廣播詞（這也是台灣獨特的地方）實在十分惱人，而且每靠一站，就一定是四種語言都重播一遍（你說煩不煩？真煩！）

乘客連閉目養神這麼一點點福利也要被剝奪，除了廣播，每當夜幕低垂時，想睡卻很難睡著，原因是燈火通明，車廂太亮。為何不能像飛機客艙那樣熄掉大燈，需要閱讀的乘客，使用座位專屬的小燈即可。

斥資數千億台幣興建的高鐵，本是政府的一大德政，然而未能有效經營，事後定期全面體檢，通盤檢討，虛心改善，只是一味地降價求售，在離峰時段折扣優惠。至於車廂內所提供的便當、飲料、太陽餅、冰淇淋、餅乾……等等，跟台鐵的自強號究竟有何區別？

建造高鐵是對的，是好的，但若不能及時有效地回應乘客多元化的需求，抓住客戶的心，最終還是喚不回乘客的信心。

把人安插在最適當的位置

從我提出這些本土的實例就能看出，彼得·杜拉克三十四歲時，擔任通用汽車公司的諮詢顧問時，就已說出「做對事比把事做對重要」的精髓（何況大多數人連「把事作對」都達不到，只能「把事做完」而已）。他在《旁觀者》（*Adventures of a*

Bystander）書中也提出過一個實例。

有一回，眾主管針對基層員工工作與職務分派的問題，討論了好幾個鐘頭。如果我記得沒錯，是一個零件小部門裡的技工師父之職。走出會議時，我問史隆：

「您怎麼願意花四個小時來討論這麼一個微不足道的職務呢？」

史隆回道：「公司給我這麼優厚的待遇，就是要我做重大決策時不失誤。請你告訴我，哪些決策比人的管理更為重要呢？我們這些在十四樓辦公的，有的可能真是聰明蓋世，但要是用錯人，決策無異於在水面上寫字。落實決策的，正是這些基層員工。」

史隆接著又問：「杜拉克先生，我們公司有多少部門，你曉得嗎？」

「四十七個部門。」

在杜拉克回答這個簡單的問題之前，史隆已經猛然抽出那本聞名遐邇的「黑色小本子」。又問：

「那麼去年我們做了多少個有關人事的決策呢？」

這就問倒了杜拉克了。史隆看了一下本子，跟杜拉克說：

「一百四十三個。戰時服役的人事變遷不算，每個部門平均是三個。如果我們不用四小時好好安插一個職位，找合適的人來擔任，以後就得花掉幾百個小時的時間來收拾爛攤子，我可沒這麼多閒工夫。」

他繼續說：「我知道。你一定認為我是用人最好的裁判。聽我說，世界上根本沒有這種人存在。這世界上只有能做好人事決策的人，和不能做好人事決策的人。前者是長時間換來的，後者則是事發後再來慢慢後悔。我們在這方面犯的錯誤確實較少，不是因為我們會判斷人的好壞，而是因為我們慎重其事。」

「還有，用人第一條定律就是那句老話：『別讓現任者指定繼承人，否則你得到的將只是次級複製品』。」

「那麼，您自己的繼承人呢？」杜拉克追問道。

「我請高階主管委員會來做這個決定。」史隆回應說：「有關用人的決策，最為重要。每個人都認為一家公司自然會有不錯的人選，這簡直是個廢話，重點是如何把人安插在最適當的位置，這麼一來，自然會有不凡的表現。」

通用公司的興衰

這位偉大的決策家史隆先生，在他任職通用汽車公司董事長時，也曾面臨前所未有的人事挑戰。由於在集團內，各個獨立事業群中的經理人問題層出不窮，也始終未能獲得有效解決，最終他自問道：

「如果解除各個獨立事業群的總經理，能滿足本公司的需要嗎？」

史隆認為：「不能」。

於是乎他釐清這是一個結構性的問題，必須以決策面對它。因此，他擬定了「分權化制度」，既能滿足各個獨立事業群的營運自主權，又能體現總部的最高方針與決策的中央管制，在兩者之間取得平衡。

不愧是決策家的史隆，因為能認清問題的本質，而且以分權化的制度做對事，為通用公司創造了一個巨大的機會，形成世界的潮流，造就了許許多多的跨國企業得以有效的運營，這都要歸功於他的設計。因為史隆認為：

「一家大型企業，需要有一個統一方向和一個管制中心；需要有實權的高階經營團隊；也需要有積極進取和精明幹練的營運經理人。他們應該有選擇其自己營運方法的自由，應該有明確界定的責任和遂行責任的職權，也應該能使他們有發揮所長的範圍，更應該使得他們的成就能得到應得的報償。因此逐漸建立一套『分權化機制』，進而締造偉大通用汽車的光輝燦爛的史頁，成為各國大型組織學習的典範之一。」

雖然通用汽車在史隆的領導下，有過輝煌的成就，但人亡政息。在一九九九年，杜拉克還預言說：

「通用汽車將在美國三大汽車集團中消失。」

果不其然，杜拉克的預言應驗了，雖然我們無法理解杜拉克究竟是如何預見通用汽車的未來，但只要仔細留意，也不難看出其中的端倪。

通用汽車曾被美國媒體形容是「美國的心跳」，可見這一品牌在美國的重要性和影響力。因為一旦心跳停止，整個人將進入昏死狀態，所以，通用汽車對美國的重要性遠超越美國對通用汽車的需要性。為了美國，歐巴馬政府必須伸出援手，接受人民抨擊，拯救通用汽車，只因「通用汽車是美國心跳」。

二〇〇九年是通用步入百年的歷史新頁，這家百年老店之所以心跳休克，眾多媒體都一致認為通用汽車是栽在以高耗油的大車為主要車型，加上執行長每年上千萬美元的高薪，以及高額負債，每小時七十五美元的工錢以及每年必須支付龐大的退休基金七十億美元，使得原本經營不善的體質更加惡化。至於「金融海嘯」的襲擊，只是壓倒駱駝的最後一根稻草而已。

然而這些弊端，其實都只不過是現象而已，通用由盛至衰的真正原因，還是因為「高管都沒做對事」，沒做到史隆所遵守的管理原則——用人的決策最為重要，有哪些決策比人的管理更為重要？

通用前幾任的CEO，不是沒有看見外在環境的快速變化、客戶的需求趨勢、石油價格的節節攀升、競爭者的未來車以及可能的金融風暴，而是錯失黃金時間，不敢也不願意去面對問題，僅拚命生產現有的大型轎車，結果囤積庫存，造成資金積壓，惡性循環。

這種只想「把事做對」的信念，卻忽略了「做對事」的教訓，成了管理學上的負面教材，值得世人警惕和深思。

2 紐約市長的「破窗理論」

紐約的治安本來已是癌症末期，
朱利安尼市長要求警方首先要對付的，
卻是攔路強索「洗車費」的街霸。
結果警方強力執法不到一個月，
紐約治安就出現了「奇蹟」。

破窗理論

所謂「破窗理論」，指的是只要一棟建築物有一扇破窗戶掛在那兒沒人管，將會引起其他人繼續跟進砸破第二扇窗的動機，因而形成一連串的破窗災難，最終很可能造成一場大災難。

古語說：「星星之火，可以燎原」。然而在政府官員眼中的芝麻綠豆大的小事，往往是老百姓的大事。

前任紐約市長朱利安尼（因處理九一一事件得宜而聲名大噪，贏得時代雜誌譽為「世界市長」）他採取「破窗理論」的核心觀念，便是「積極處理芝麻小事」，尤其是打擊犯罪這一部分，因為它跟老百姓的生活息息相關。

朱利安尼市長先將目標鎖定在「洗車流氓」，因為它是當年紐約市的特殊景觀，影響之大，連觀光客都望而卻步，嚴重破壞紐約市的形象以及觀光收入。因此，非到全力掃蕩不可的地步，據了解：

「一批批滿臉橫肉的地痞，守在路口或塞車的區域，朝著你的擋風玻璃噴兩下，抓起一條髒抹布、報紙之類的工具，或一根纏滿碎布的棍子，隨便朝車窗抹兩下；經過這道不請自來的清潔程序完成之後，這位『志願義工』就向駕駛人懇求賞個幾文，雖然懇求賞賜額度不一，但價格通常都形同勒索，與其服務不成比例，若有那位駕駛人不願配合拒絕付帳，幾道口水立即吐向擋風玻璃，接著車門就被猛踹一陣。」

然而要掃蕩這群洗車流氓，恐怕不是那麼簡單，市警局給市長的答案竟是「無法可辦」。由於欠缺相關的法令依據，既不能趕他們走，又不能逕行逮捕。然而當過律師和檢察長的朱利安尼脫口而出：

「那他們妨礙交通又怎麼說呢？」

警方在朱利安尼市長的堅持下，對只要跨越欄杆在街道上逗留的人，就先給他們開張罰單，然後查其身份。市警局著手進行了一項調查，發現全市的洗車流氓僅有一百八十名左右，任誰都不敢置信！於是警方立即對他們發出傳票，果然發現相當比例的洗車流氓，竟然還是暴力犯，或因私闖民宅等罪名而被通緝在案。如此強力執法不到一個月，紐約治安就展現了顯著的成效。很快的，不僅回復了往日美好的市容，市民額手稱慶，也帶來更多的觀光客，為市民創造了許多工作機會。（取材自《決策時刻》（*Leadership*））

從市民的需求來看，朱利安尼市長「做對事」了。他不採用過去的作法，演出官兵捉強盜的鬧劇，最終累死了官兵，也捉不到任何強盜。可見「做對事」能使市民安居樂業，也能讓紐約市洗刷污名，成為世人觀光的聖地，何樂而不為？

要先找出對的問題

台灣的行政區域劃分，經由半個世紀之後，終於可能出現了重大調整。這麼小的一個島嶼，分了二十一個縣市，實在是資源的浪費。尤其縣市長選舉時所造成的社會成本和因選舉的恩怨派系製造的裂痕，事實上加深了地方的不團結以及利益團體的介入，形成了地方自治的後遺症，甚至於妨礙地方的發展。而且導致政府稅收遞減，引發借貸度日。

二〇〇九年六月二十四日，內政部經過十五小時的討論與激辯投票表決後出爐，三都成為直轄市，分別是台北縣市、台中縣市、高雄縣市合併，這將是台灣史上一個重大的突破，也是帶動台灣未來均衡發展很重要的一大步。

行政區重劃之後，台北市將由原來二百多萬人口，合併後可達五百萬以上，使得資源能統合運用，發揮功效。整合後行政體系以及所屬的單位也可以整編，降低人數、提昇效率，對於國際都市的所需條件和資源的善用，具有前瞻性與開創性，也有助於國際城市的競爭力和整體生活的水平，以及成為最適合人居住的綠化幸福城市。所以將來的市長必是直抵總統府之門的最佳捷徑。

另外在六月二十九日行政院正式通過的台南縣市合併案，使得由原來的三都變成了台灣四都的格局，台灣四都的設立不論從國土的規劃，資源的統合，行政的管理，城市的未來發展都是對的事，好的事。

但是還有十三個縣未能一起整併、統編，讓人難免有頭痛醫頭、腳痛醫腳的遺憾，若能一次改為四都七縣，對於台灣的整體發展必有助益。二十一世紀不一樣的台灣，甚至有超越新加坡的可能。只可惜主其事者並沒有這樣的視野和擔當，錯失了第一時間的機會，未來還有嗎？杜拉克教我的第一件事就是：

「做對事比把事做對重要」。

當我第一次看到這樣的比較法，浮起的念頭就是主動和被動的關係，也就是意願度的問題。但事實不然，杜拉克是要我們第一次就做對事情，而不只是一味地嘗試把事情做對。

自問自答的能力

可是，我們如何在第一次就做對事呢？老師說：

「關鍵不在這裡啊！」

不在這裡，那麼到底在哪裡？

他繼續說：「要先找出對的問題是什麼？」

為什麼不是對的答案？

「什麼才是對的問題？」

關鍵就在於要能「自問自答」的工夫。

什麼是「自問自答」？他告訴我們：

「首先要能『問對問題』，其次試著自己回答問題。」

究竟如何才能認清「問題中的問題」呢？他說：

「要有大量的思考、深度的思考、盡力的思考。」

若缺乏這樣的能耐，該怎麼辦？他說：

「那就培養自我的直覺力。」

那直覺力是什麼呢？

他解釋道：「就是洞察力。」

哦！我弄懂了。這就是杜拉克最擅長的地方，他既能預測未來商業趨勢的變化，又能洞察人性的本質，最終他既擁有高度抽象思維的能耐（又稱動態系統的思考力），又有超人的直覺力，使他能穿透時空的限制，預知可能的未來，才能掌握情勢，成為情勢的主宰。

可是到底該如何衡量或確認什麼才是「問對問題」？我思考、再思考持續三週的某天清晨，跳下床直衝到客廳的書桌上寫著：

「那就是邊界條件（Boundary Condition）呀！」

的確，因為邊界條件能說得愈精細、愈細微，就愈為有效。也就是說：問得愈清晰、愈具體、愈明確就愈接近對的問題。唯有如此反覆練習十次、百次、千次的工夫，就有說不出的收穫和可能較為合適的方案，而不是答案。

「邊界條件」的三問

釐清、理順之後，還要自問什麼是「邊界條件」？亦即要解決問題的範圍是什麼？杜拉克告訴我們：

「邊界條件要自問三個問題。」

至於是哪三個問題？就是：

一、決策的目的是什麼？

二、至少要完成什麼目標？

三、要滿足什麼條件？

我如獲至寶一再演練，一年二年十年之後，終於領悟箇中奧秘之處，就是在於

「高品質的思考」，這是「做對事」的有力保障，更是「做對事能力」的自我提昇，即擁有動態系統的思考能力。

二十一世紀的知識員工，靠的不只是專業能力的生產力，而是做對事能力的生產力。不然再高深的知識，再強的專業技術、再棒的工作經驗，若不能做對事，而只是想把一堆事情做對，拚老命的做，最終得不到應得的報償也是枉然。

因此，現代的知識員工除了必要具備的專業條件外，更需具備「做對事的能力」。因為他們雖然具備了把事做對的高度意願度，往往忽略了更重要的「做對事」的本質。

了解「邊界條件」三問後，讓我們一起再來衡量前面提到的醫院與高鐵的實例，將會是一件很有趣的事。

一家綜合醫院到底要解決什麼樣的問題？要滿足什麼條件？其目的何在？至少要達成什麼樣的目標？開醫院只是要賺大錢，假設這是目的，那麼病人絕對是待宰的羔羊，醫生肯定是屠夫，醫院本身便成了屠宰場，聽來十分可怕。

還好任何一家醫院的「創立目的」，都不可能這樣寫著：「本院的使命乃在於創造醫生的收入與最大的利潤，並以回饋股東的最大回收為目的，直到永遠。」

開設醫院無非要解決病人的苦痛，而不是醫護人員的高薪待遇，更不是股東的最大利益。正因為如此，才會由政府或非營利機構來經營醫院。當然，有些私人設立的醫院或診所也能做得很好。

所以，醫院是為病人開設的，不是單單為解決醫護人員的工作需要和收入問題而設的。只是為了要滿足病人能得到妥善治療、控制病情、儘速回復健康，才需要醫護人員的存在。換句話說：「沒有病人，就無需醫生」。

不過，唐代孫思邈的《千金要方》就已說到：「古人善為醫者，上醫醫未病之病，中醫醫欲病之病，下醫醫已病之病。」也就是說預防醫學有其存在的必要，因此，醫院開設的目的原本是：「預防重於治療」；但事實不然，「治療重於預防」才是現況，因而浪費醫療資源，健保遲早會被財務黑洞拖垮，已是再明顯不過了。

若無法達到預防重於治療，至少也要做到「預防和治療並重」的目標，這是政府衛生單位的重大課題，也是老百姓必要學習的目標。

同理，建造高鐵是要滿足台灣南北交通的需求，促成沿線的地方繁榮，縮短南北生活的落差，實現經濟一體化的目的。迄今高鐵的速度與便利性，還能滿足大眾的需求，但乘客的滿意度才是關鍵，因為經營高鐵唯一正確而有效的定義是：

「創造乘客」。

這是經營高鐵的真正目的，而創造乘客最要緊的莫過於能有效滿足他們的需求，獲得他們的信任和支持。

可是以目前的條件和限制，都將不利於高鐵的有效經營，為了有效的解決目前的困境與高品質的服務水平，有必要調整高鐵的經營團隊，以服務乘客為重點，以快速服務為訴求，顛覆傳統，打破框架，尋求可行替代方案，至少要能達成生存的最低目標要求，才有發展的可能。

例如為了滿足乘客有效的訂票系統，可以透過便利商店建立售票系統，以降低尖峰時段排隊的痛苦。為了吸引乘客的胃口，也可舉辦每年一次的高鐵風味餐選拔大賽。透過大型活動建立高品質、高品牌、高享受的高鐵快速文化，維持乘客對品牌的忠誠度。

另外為了服務乘客，就算政府無法建立高鐵各站的接駁服務系統，高鐵何不自己設立一家安全、快速、舒適的高品質巴士公司，提供乘客的接駁需要。例如長庚醫院、長榮航空等企業，早就建立了自己的巴士公司，都有前例可循啊！

不能「創造乘客」的高鐵，就是失敗的企業。

3 奇異公司創造的「百年驚奇」

奇異（GE）電器公司前CEO傑克・威爾許說：

「我既不會製造，也不懂設計，
我唯一能做的就是：
打造一個二百五十六人的高階經營團隊，
而且每一季考核一次，一年四次，
以確保高階經營團隊的有效性。」

簡單卻重要的問題

我們回頭再看通用汽車公司的發展，史隆經營通用汽車之所以有效成功，關鍵在於他掌握住有效成功的因子，便是：

一、找對人。

二、放對位置。
三、協助他做對事。

所以，哪怕是只一位小小的技工師父，史隆也不放過。寧願花四個小時聆聽，以免最終要花數百個小時收拾用錯人的爛攤子。因為史隆問了簡單卻重要的問題：

「為了滿足本公司有效的執行重大決策，我們需要做些什麼？」

答案十分清楚，就是基層人員的素質、工作規範、執行能力以及高度的責任感，才是重大決策的有力保證，這也是用人的經典案例。

但另一方面，針對繼承人的選拔方式，史隆卻堅決地認為請高階主管委員會做決定即可。顯然，史隆願意為一位小小的技工師父，花上四個小時討論工作與職務分派；卻不花數百個小時甚至數千個小時在繼承人的選拔上，是值得我們深思和警惕的地方。史隆似乎忘了自問：

「為了滿足本公司的未來發展，我們的接班人需要什麼樣的條件呢？」

史隆無法建立一套公開、公平、公正的遴選制度，使得通用汽車公司無法找到正確而合適的接班人，進而建立可長可久的「接班人評鑑與遴選制度」，以致通用汽車公司雖有珍貴的百年資產，今日的通用卻難逃破產重組的末路。

相反的，同樣擁有百年歷史的奇異（GE）公司，因為有該項的制度，在這次風暴中能倖免於難，至少還能得以正常營運。

紐約市長的自問

朱利安尼為了能成為一位有效性的市長，他自問：「為了滿足紐約市政的有效推行，我還需要知道什麼？」

結果他給自己在參選市長之前，安排一年半總共五〇場的研討會，為自己成為一位好市長應該具備的條件作充分準備。

接著他又自問：「紐約市究竟如何才能改頭換面呢？」

結果他乾脆就教於這些專家學者：「假如我當選市長，你會教我怎麼做？」出乎意料地收穫，諸如市府的組織架構、住屋、健保、稅賦、治安、交通、教育、文化和特定的經濟發展等領域以及社會福利的破窗理論、無業遊民等議題。其中最大的高附加價值竟然是網羅了不少菁英人才成為市府團隊，成為施政團隊重要成員之一，建立了一支高績效的市府團隊，贏得世人的讚賞和好評。

然而，他似乎忘了自問：「為了滿足家庭的幸福，我應該做些什麼？」結果在

做對事	VS 把事做對
道	術
質	量
功	能
效能	效率
方向	方法
戰略	戰術
成果	成本
結果	過程
產出	投入
客戶	員工
領導	管理
價值	價格
行銷	推銷
差異化	低成本
絕對值	相對值
知識工作	體力工作
事半功倍	事倍功半
長期根本機會	短期現實問題

家庭這一塊，他的經營卻繳了白卷，豎起白旗，因而斷送了他美好的政治前景。

做對事與把事做對

近年來，隨著知識與經驗的累積，我體驗和領悟到杜拉克的這項哲理「做對事比把事做對重要」。也因我身體力行，貫徹落實，如今這已成了我的心智習慣。

透過上圖的對照，不難看出其中的些微差異，這些差異並不表示「把事做對」就不重要，而是要表明「做對事」的相對重要。更為重要的是必須結合「做對事與把事做對」相乘在一起，才能發揮綜效，產生更高的生產力，更大的效益，更好的產值。

杜拉克只想一再提醒我們不要過度集中在「效率」上，追求短效、近利；卻忽視長效、遠利。重視方法、戰術、成本、過程、推銷、價格；卻忽視方向、戰略、成果、結果、行銷和價值的重要性。

唯有在重視「道、質、功與差異化、事半功倍以及長期而根本的機會」，企業才能得以獲得發展，組織也才能持續經營。而不是僅重視「術、量、能與低成本、事倍功半以及短期現實問題」，只能滿足於現狀，解決眼前問題，就長期而言，則陷入泥沼而不自知，最終付出了慘痛的代價，實在令人惋惜。

對於二十一世紀的知識工作者而言，為了自己的工作生產力，「做對事比把事做對重要」。因為他們的工作就是「思考」，尤其是高品質的思考，才具有生產力。他們生產的只是「知識、創意和資訊」，而這些根本不能用數量來界定，也不能用成本來界定，而是應以成果來界定。

可是這樣的「知識、創意和資訊」，本身並無用途，只有透過另一位知識員工，把他的產品當作「投入」，轉換為另一種「產出」，才會有實際的意義。因此，知識員工務必要能融入團隊，才具有生產力，否則只能孤芳自賞，自彈自唱，毫無作為。

所以，知識員工是不能加以嚴密監督的，也不能給予詳細指導的。我們只能多方協助而已。知識工作者本人，必須自己引導自己，引導自己朝向績效和貢獻。換言之，必須引導自己朝向有效。而有效性就是「做對事」的能耐，做對事便是以自己的長處透過「有目的、有條理、有系統」的工作才能有效。因此，對於知識員工而言：「做對事比把事做對」重要，因為唯有從事於「對」的工作，才能使工作有效。有效性才能將我們的智力、想像力及知識這些資源轉化為成果。

我們不能求資源供應的增加，只求資源效果的增加，如此一來，知識員工的有效性才能實現。做對事對組織而言，具有指標性的作用。對自己而言，也才有成就感、滿足感與歸屬感，才能符合杜拉克所期許的「自由而有功能的社會」，讓人人都有地位與功能，讓社會呈現溫馨而幸福。

做對事的能力

我想引述杜拉克所著的《有效的管理者》（*The Effective Executive*）裡，一段極為精闢的經典結語：

「在我認識的和共事過的許多有效的經理人中，有性格外向的，也有令人敬而遠之的。有年邁即將退休的，甚至還有遇人羞答答的。有的固執獨斷，有的因循附和。當然也有胖有瘦，有的生性爽朗，有的心懷憂慮。有的能豪飲，有的卻滴酒不沾。有的待人親切如家人，有的卻嚴竣而冷若冰霜。也有的少數人，生來就令人一望而知其為『領導者』的體型，也有的其貌不揚，毫無能力吸引別人的注意。有的具有學者風範，有的卻像是目不識丁。有的具有廣泛的興趣，有的卻除了他本身的狹窄圈子外，其他一概不懂。還有些人雖不是自私，卻始終以其自我為中心；而有的卻落落大方，心智開放。有人專心致力於他的本身工作，心無旁騖；也有人其志趣全在事業以外，做社會工作、跑教堂、研究中國詩詞、演唱現代音樂。在我認識的那些有效的經理人，有人能夠運用邏輯和分析，有人卻主要是靠他們本身的體驗和直覺。有人能輕而易舉的決策，有人卻每次都一再苦思，飽受痛苦。」

經由杜拉克的多年研究和實證後，發現所有有效的知識工作者中，只有一項共同的能耐，那就是「做對事的能力」。

不管他們的出身如何、受教育如何以及外型外貌怎麼樣，都不影響其做對事的能力。換言之，只要擁有「做對事能力」的知識員工，終將能成為有效的經理人、有效的貢獻者。

簡言之，「做對事」是要把梯子靠對地方（對內是指員工，對外是客戶與市場），「把事做對」則是儘快找到梯子並以最省時省力的方法爬上去。

「做對事的能力」究竟是指的什麼？一言以蔽之，就是「找到對的人」，擺在對的位置，並協助他做對的事，才會有較有效的成果。從這個角度而言：

「做對事比把事做對重要」。

因為找到對的人要比找到對的方法更重要。找到人才後，透過他的長才「有目的、有條理、有系統」的工作，才能真正有效，這是一項杜拉克偉大的發現，也是人類真正的機會之所在。

有了想法，就不怕沒辦法

找到對的人之後，還要協助他找出對的事來做，將企業的資源有效地分配在適當的機會上，只有在這樣的前提下，才可能是力求擇善而行，也就是找出對顧客有更高附加價值的事（即做對事）。再用對的方法去做，才是最符合客戶的期望。唯有能為客戶創造價值的事，才是對的事，才是值得投注心力去做的事。

誠如美國奇異（GE）電器公司前CEO傑克．威爾許（Jack Welch）所說：「我既不會製造，也不懂設計，我唯一能做的就是：打造一個二百五十六人的高階經營團隊，而且每一季考核一次，一年四次，以確保高階經營團隊的有效性。」

新加坡前總理李光耀也說：「只要留下二百五十六位卓越的官員，四年後我們依然能將新加坡建設成一流的國家。」

所以，「做對事」的前提是使自己成為「對的人」，只有是對的人，才有可能找出對的事來做。但要成就大事，除了需要仰賴個人的專注力和使命感之外，更為重要的是建立高效的經營團隊，因為單靠傑克．威爾許無法改變奇異公司，單賴李光耀也無法建設新加坡成一流的國家，他們仰賴的是高階的經營團隊。透過對的經營團隊，才能使奇異公司成為地球上最具競爭力的企業，也才能讓新加坡這個城市，成為全球最具競爭力的國家。

反之，錯的人，想要做對事，不是不可能，而是必須寄望奇蹟。最糟糕的領導者，就是一手把持整個組織、控制整個團隊，最終等他一走，組織便被掏空而崩潰，團隊因他而潰散。更為差勁的是，莫過於不去培育「接班人」。

「做對事」也可以定義為用己之長、用人之長、用企業之長、用環境之長，使自己的企業成為具有世界級的核心能力，去滿足客戶、創造顧客，以客戶為依歸，以顧客為訴求，讓對的人做對的事，讓對的客戶得到對的需求滿足，最終使得社會成為對的社會，達到杜拉克的最終願景——「自由而有功能的社會」。

「做對事的能力」若從結果來看，那就是「有效性」，不論是用己用人、做事管物、經營團隊、管理組織、領導機構、治理國政都要「有效性」。意即有效性的程度就是做對事的一項能力，換言之，即是「有效性的決策力」。也就是說，「做對事的能力比把事做對的能力重要」。

總之，「做對事」就是善用知識、運用腦力、利用資訊、活用創新才能培養做對事的能力。「把事做對」則是善用方法、運用成本、利用速度、活用體力才能發揮把事做對的能耐。杜拉克雖然僅重視做對事，不提效率、不講把事做對的重要，但並不表示對它的忽視，而是身為一位知識工作者而言，不該只是窮忙、工作賣力，而是要盡力思考、用心體會、力求成果、講究有效，才是知識員工生產力的關鍵所在。

「做對事」是人的大腦，「把事做對」則是人之手腳。意思是說，「有了想法，就不怕沒辦法」，「有了心法，就不怕沒方法」。

彼得·杜拉克教我的第2件事

你能對顧客貢獻什麼？

4 全世界最小的「大公司」

傑克．威爾許一再深思，
彼得．杜拉克提問的這個問題。
他堅持奇異公司旗下的所有事業群，
都必須是市場的第一或第二。
不能達到這個標準的事業，
都將被整頓、關閉或出售。

價值的承諾

杜拉克教我的第二件事就是：「我能對顧客貢獻什麼？」首次聽到這個問題，對我的衝擊頗大，因為從來就沒有一位大師，會有如此的思維。

這樣的做法，讓我大開眼界，使我的心智開放、視野寬敞、格局拉大，行為改變，其成果自然也不一樣了。

杜拉克對「貢獻」的定義，含義十分廣泛。也就是說，每一個組織都是需要三個主要方面的績效：

一、直接的成果。

二、價值的承諾與實現

三、未來的人力發展。

少了其中任何一項績效，組織都註定非垮不可。因此，每一位知識工作者，必須在這三方面都有貢獻才可以。

當然，三者之間，可以有輕重先後之分，要看知識員工本人的個性和職位，以及組織本身的需要而定。更為重要的是要以外在環境、產業盛衰、同業競爭、未來趨勢的變化而定。

所謂的「直接成果」，通常也最為具體可見，這就是組織之所以能生存的最主要原因。

直接成果對於一個組織，猶如營養食物之於人體。而醫院對於病人的治療、學校對於學生的教育成果、鐵路局對於乘客的快速服務、飯店對於房客的安全舒適滿足，這些就是組織之所以存在的理由。

然而單賴直接成果，雖然能生存下來，卻不具有特殊價值和意義；任何組織若少了「價值的承諾和實現」，就像人體除了食物之外，還少不了對組織的作為和貢獻。

所以，一個組織必須有它存在的宗旨，否則就難免解體、混亂和癱瘓。對於一家企業來講，「價值的承諾」有很多種，例如：

一、標榜技術權威，服務第一。

二、強調快速的一次滿足服務，物美價廉。

三、天天低價、品質保證、服務到家。

四、量身訂做、一次到位、終身服務

五、滿意保證、否則退款，三年有效。

然而，有了直接成果，只是今日生存的依據；加上價值的承諾和實現，則是明日發展之所賴。

人都難免一死，縱然有再大的貢獻，其貢獻也有一定的限度；而一個組織，正是克服這種限度的工具。

組織如不能持續存在，就是失敗。所以，一個組織必須今日準備明日的接班人，就像奇異電器公司（GE）一樣的制度。組織的人力資源必須更新，必須能提昇水準。

知識員工能重視「貢獻」（直接成果、價值的承諾和實現與未來的人力發展），正是人才發展最大的動力。因為重視貢獻便能使共事的每一個人，各自調整他們的眼界和標準。

一個組織如果僅能維持今天的眼界、今天的優勢、和今天的成就，必將喪失其適應能力。世事滄桑，一切都在變。所以：

「維持現狀就必不能在變動的明天生存。」

因此，下一代的人，倘能以這一代辛苦經營的成果為起點，而下一代的人則是站在他們前輩的肩頭，再創高峰，作為再下一代的基石，組織才得以持續經營下去。

誰才應該是我們的顧客？

不論是「直接成果、價值的承諾與實現及未來的人力發展」，都不只是最終的績效而已，其中真正的重點是要能先釐清：

「誰是我們的顧客？」

「誰才應該是我們的顧客？」

從這個觀點來看，對內而言，員工是我們的內部顧客，跨部門則是彼此的內在顧客。

而對外來說，消費者是我們外在的顧客，購買者才是我們真正的顧客。

唯有能同時滿足內外在客戶的需求，公司才有可能贏得績效表現，包括直接成果、價值的承諾及未來人力發展。

我從杜拉克身上學到，他是如何用「問對問題」來協助世界級CEO和美國傑出而頂尖的教授？答案竟然是：

「無知」。

這怎麼可能呢？如此博學多聞的杜拉克，竟是以「無知」的心態來面對問題，更以「無知」的問題來面對CEO。

多年來我在海峽兩岸，面對各企業團體的諮詢時，也是如法炮製，威力十分驚人，更篤定它對領導者或知識員工的重大幫助和解惑。

就在安迪．瓊斯力排眾議，提拔傑克．威爾許於一九八一年升任為奇異電器公司史上最年輕的總裁後，立刻推薦彼得．杜拉克擔任他的顧問諮詢。

有一天，杜拉克和他一起坐在位於紐約的集團總部裡。杜拉克問了兩個無知的問題後，竟然改變了奇異公司的重大命運，成為史上在地球最具競爭力的公司之一。

杜拉克價值不凡的兩個問題，不只是「問對人」，而且「時機也對」，真是平凡而有智慧的問句。

「假如你不在這個行業裡，你現在還願意加入嗎？」

「如果答案是否定的，你又將怎麼做呢？」

傑克．威爾許一再深思這個問題，並以實際的行動回應。他堅持奇異公司旗下的所有事業群，都必須是市場的第一或第二，不能達到這個標準的事業，都將被整頓、關閉或出售。

全球化企業

「品質與卓越」的追求，可以創造出合適的組織氣氛，建造一個優質的環境，激勵員工超越極限，讓奇異達到超出想像的成就。

最終，他打造一家比小公司更勇往直前、適應力更強、更靈活的企業，成為一家「全世界最小的大公司」，維持每一個領域的第一或第二的地位和實力。

他經營奇異公司的核心概念，乃是源自於早年管理優異與彆腳事業的工作經驗，也從彼得．杜拉克的見解中得到支持。傑克．威爾許回憶道：

「我從一九七九年開始閱讀杜拉克的文章，而我在上任總裁職位之前的過渡時期，透過瓊斯認識了這位管理大師。如果真要推派一位貨真價實的管理哲人，我認為非彼得．杜拉克莫屬。在他的管理著作當中，處處藏著獨到而珍貴的真知灼見。」

過了不久，杜拉克再以另一個巧喻，問道：

「如果這不是你家的客廳，那麼能不能給別人當客廳呢？」

這樣的問法恐怕任何人一輩子想忘也忘不了。傑克．威爾許也立即領悟到，奇異公司應該把本身毫無興趣處理的業務，交給其他有熱情的業者。

很快地，他就找到奇異在「程式設計」方面，絕對不會成為世界第一，因此，他在印度找了一家熱衷於這類業務的廠商共同合作。這樣採取「外包」的作法，居然比其他業者提早了二十年之久。

杜拉克一再敦促傑克．威爾許專注於本身的優勢，而將不具優勢的業務交給他人去做，目的在於能為顧客創造最高的價值，又能滿足於內部自身對物流、人才的需求，最終建構一家最優異的集團，成為「全球化的企業」。

5

從A到A⁺的幕後推手

一本全球暢銷書，
幫助了無數的人與組織，
單在台灣地區銷售就高達近三十萬冊。
但作者在寫作前，
又得到了誰的啟發與幫助？

先問對了問題

在杜拉克在未問傑克．威爾許那些問題之前，我有理由相信，杜拉克一定先「自問自答」。

另一方面，他也同時了解奇異所處的現實環境，以及總裁的經營方針、個人的優劣點、如何發揮奇異的現有核心能力，又如何排除可能的障礙。

所以。杜拉克在問總裁之前，會先問自己：

「我能對顧客貢獻什麼？」

「我能對奇異公司貢獻什麼？」

「我能對傑克．威爾許貢獻什麼？」

唯有先「問對了問題」，也才能刺激總裁的思考，找到核心問題的本質，最終由傑克．威爾許帶領高階經營團隊打造一家具全球化、卓越服務、六個標準差與電子商務的全球化服務集團。

這一連串的作為，也是傑克．威爾許自問自答：

「我能對顧客貢獻什麼？」

「我能對奇異公司貢獻什麼？」

從這些問題作為出發點，構建一幕幕的管理戲碼，二十年如一日，締造一張極為亮麗的成績單，交出了「奇異傳奇」。

真正的紀律

《從A到A+》（From Good to Great）的作者之一吉姆．柯林斯（Jim Collins），曾

經回憶說：

「一九九四年那一天，『他』對我說：『真正的紀律，來自於向錯誤的機會說「不」。』這句話改變了我的一生。」

這個「他」是何許人也？居然能改變了吉姆．柯林斯的一生呢？

有一天，吉姆．柯林斯在家裡的電話答錄機裡，聽到一則留言：

「我是彼得．杜拉克，如果有一天我能在克拉蒙特（杜拉克居所）與你會面，我會非常高興。」

吉姆．柯林斯十分興奮的回電了，然後聽到電話的另一端說道：

「請大聲一點！我已不年輕了！」

果然杜拉克撥出了一整天與他會面。想想看，在杜拉克八十五歲時，還能與他相處一天，這其間的價值何其珍貴呢！

「傳授觀點」與「販賣觀點」

有趣的是，那一天也真的改變了他的一生。就在那一天，杜拉克提出的第一個問題是：

「你為什麼會想開一家顧問公司？」

吉姆・柯林斯說：「我是受到好奇心和想要產生影響力的念頭所驅使。」

杜拉克點了點頭：「嗯，你現在進到了有關存在主義的領域裡了，你一定很不會做生意。」

接著，杜拉克又問了第二個問題：

「你想要建立永續的觀點，還是永續的組織？」

「我想要建立永續的觀點。」吉姆・柯林斯回道。

「那麼你就不可以建立一個永續的組織。」杜拉克用堅定的口吻回應。

這個充滿智慧的對話，更精準的說：充滿智慧的問句，釐清了吉姆・柯林斯這位傑出又年輕教授的疑惑，也給了他思考可能的方向。杜拉克道出了這件事背後的哲理：

「打從你建立公司的那一刻開始，你就多了一頭必須餵食的怪獸，亦即組織的大批員工。如果你一旦開始為了餵養怪獸而提出新觀點，卻不是提出怪獸必須賴以維生的觀點，你的影響力就會下降。傳授觀點和販賣觀點是大不相同的，即便你在商業上的成就提昇了，但你到底是為了什麼而戰？你是為了影響那些握有權力、見識敏銳的人的想法而戰的。如果你濫用了這份信任，你就會失去這群人對你的信任。一旦箭頭轉向，你就死定了。」

對一位學者而言，「傳授觀點」與「販賣觀點」，是完全不一樣的概念和作法，其被信任的程度也大有差異，只是極少數人有此自覺。

在杜拉克的一生中，始終維持一貫的「傳授觀點」態度，使他的身價和地位與日俱增，影響力也不因他的離世而下降，這是我有趣的觀察和總結。

大師向學生學習

吉姆．柯林斯獲得大師的啟示，喜不自勝，於是問道：

「我該如何回報你呢？」

「你已經回報我了，我在我們的對話學到很多。」杜拉克如此回應著。

吉姆．柯林斯心想：「我了解了杜拉克的偉大之處。他不同於很多人，他的動力來源不在於說些什麼，而在『學點東西』。」

這是杜拉克主張「向學生學習」，同時也要向學生有所回報的一種方式。六十多年來，他一直到全美各個大學聆聽不同領域、不同老師的教誨，保持開放多元學習的模式，使他能納百川而成其大，這是杜拉克之所以為杜拉克的原因。

吉姆．柯林斯感到很欣慰，這實在是很大的恩惠，而他卻未加以回報。只能再回去後，依循杜拉克的建議，把杜拉克的建議傳播給其他人。因為杜拉克曾說：

「走到外面，做個有用的人！」

這是我們這些杜拉克的弟子，能回報恩師的唯一方式：

「為別人做點事，就是像杜拉克為我們所做的事一樣。」

吉姆．柯林斯堅守「我能為顧客貢獻什麼？」這樣的作法，結合了近二十位成員的團隊，歷時近六年的時間，寫了一本全球暢銷書，幫助了無數的人與組織，書名就是《從A到A+》，單在台灣地區銷售高達近三十萬冊，可見其影響力之大。

杜拉克並沒有直接協助傑克．威爾許與吉姆．柯林斯什麼行動指導，但卻透過他問對問題，引發了他們的強大的動機，促進了他們一連串的有效作為。

這些問題，不僅改變了他們的心智模式，也建造了高效能的團隊，使他們在「直接的成果、價值的承諾和實現及未來人力的發展」作出巨大的貢獻，也獲得超出想像的美好收穫。

6 從「我」到「我們」的學習過程

影響大師最深的老師，
不是大學、研究所裡的教授，
而是他十歲前後的兩位小學教師。
大師甚至說：
「我從她們那兒學到的，
要比沒學會的那些更重要。」

向青蛙學習

讓我們轉個話題，探索一下「青蛙」這種小動物。

青蛙個個天生擁有人類所沒有的本領，牠有宏亮清脆的叫聲（在田野數里之外照樣聽得到），又有驚人的彈跳能力（數倍於自己的身長），還有睜得超大的眼睛（尋找獵物）以及準又快的舌功（逮住機會）。

憑這四項超人特長闖蕩江湖，行走天下，應該所向無敵，無憂無慮了吧？事實不然，牠的表皮又脆又薄，體內水分流失極快，因此需要不斷地補充水分。也因為如此，一旦環境污染，首當其衝第一受害者竟然是牠（所以牠有環保尖兵之美譽）。因此，我們只想了解某處環境是否乾淨、有無污染、水質如何，看看有沒有一群健康、活潑、快活的青蛙，答案再明顯不過了。

與其說我們再研究青蛙，不如說我們研究的是「池塘」，因為只要有「優質的池塘」，我們就根本無需擔憂沒有健康、活潑、快活的青蛙。

因此，構建一個個青蛙所喜愛居住的優質池塘，恐怕是人類最大的福氣，不但有漂亮的青蛙，更有肥美可口的魚兒呢！反之，惡劣的環境、污染的池塘只會讓「優質的青蛙」遠離，留不住青蛙，自然喪失競爭力；縱有意願留下來的，恐怕也慢性中毒、奄奄一息在「等死」。

「環保尖兵」對人類的貢獻，是在於提醒人類不要再破壞環境、傷害自然，最終受害者恐怕也是人類。青蛙用自己的性命，保環境的優質，但我們人類又做了些什麼？又該做些什麼？才對得起勇敢的青蛙。

所以，「我能對家庭貢獻什麼？」這個我想了又想，持續三週後，我決定要打造一個「優質家庭」的環境，一個「杜拉克式文化家庭」的願景。要實現這樣的家庭願景，必須建構一個共同的使命：

「透過協助他人，讓他人因我的協助，生命變得不一樣，直到永遠。」

首先我要從「自己」開始，從「改變自己」做起，也就是說先要協助自己，讓自己的生命變得很不一樣。之後，再協助家人的生命變得更不一樣，緊接著「家庭」這個有機體的生命，就會因家人生命的成長、成熟而有所不同，最終就能一點一滴地影響他人，就像彼得．杜拉克一樣地影響他人，甚至於影響這個社會、人類以及改變這個世界。

奇妙的是，當我不斷地改變自己、提昇自己、去偏入正、完成自己的同時，家人也跟著調整、修正。我並未改變家庭，但家庭卻因我的小小改變，漸漸地變得有生氣、有活力、有文化、有前瞻性。

為了凝聚家庭成員的整體力量，我勾畫出家庭的共同價值觀：

「誠實正直、發揮所長、追求卓越、回饋社會。」

誠實就是「誠於內、實於外」，唯有心誠才會有意實，真心誠意、實事求是。

然而「正直」則是將永恆的原則融入於內，才能活出誠實的生命。發揮人的所長只有在這樣的基礎才有價值，也只有奠基於此的追求卓越，回饋社會才有可能實現的一天，這正是家庭共同價值觀的精義所在，也是「杜拉克式文化家庭」的真正精髓和體現。

我們透過信仰、透過行為、透過修鍊、透過書信（給兩個女兒寫信傳遞共同價值觀），透過家庭聚餐、聚會、友人往來、讀書心得、郊遊、出國旅遊……等等機會分享與教育，共同擔起經營的重責大任，讓人人發揮所長、作出貢獻、追求卓越、回饋社會、邁向「杜拉克式文化家庭」而努力。

究竟「杜拉克式文化家庭」是什麼？而杜拉克家族五代以來，個個頂尖、人人傑出，又是什麼原因呢？

原來是杜拉克家族的「文化」，是以基督的精神和教義為核心，落實「自由和責任」的生活態度；以普世的價值和生命的意義，體現出對人類的終極關懷，最終活出基督的樣式，透過協助他人，讓他人因我的協助生命變得不一樣，這是為什麼杜拉克家族之所以「好已過五代」，又為什麼能由奧地利維也納移居美國克拉蒙特而不變的真正原因了。

白莉安精神

杜拉克在《有效的管理者》一書中，教我極為寶貴的一堂課，令我終生難忘；他寫道：

「某醫院的新任院長，在召開第一次院務會報時，他以為這件棘手的問題，經過討論，好不容易已經獲得可以讓大家都滿意的解決辦法了。但此時突然有人提出：

『這辦法能使白莉安護士滿意嗎？』

這位新任院長，當時頗為愕然。後來他才曉得，白莉安過去曾是該院一位資深護士。她本人並沒有什麼特殊才華，連護理長都沒當過。但每次院中有關病人護理的事要作決定時，白莉安小姐總是要問：

『我們對病人是否已盡了最大努力嗎？』

因此，凡是在白莉安負責的病房中的病人，都痊癒得特別快。多年來，這家醫院的人都曉得有所謂的『白莉安精神』。那就是，凡事都務必先行自問：

『我們對本院的宗旨，真是盡了最大的貢獻嗎？』

雖然白莉安小姐事實上早已多年前退休了。但她所訂的績效標準，卻一直留傳至今，為院中上下同仁所信守。」

對於一位毫不起眼、無任何特殊才華的小護士，竟然有如此的魅力，甚至於影響院內同仁至今。護士比起院長，地位上簡直是天地懸殊，但因為她領悟到一個人不論其職位多高，如果僅僅是勤奮，如果老是強調自己的職權，那麼她永遠只算是別人的屬下。

反之，一個重視貢獻的人，一個注意對成果負責的人，儘管她位卑職小，她還是可以位列於「高管」。因為她以整體的績效為己任。

她重視貢獻，因而她跳脫護士的專長所限，不為其本身的護理所限，不為其本身所屬的部門所限，才能看到病人的需求，才能看到整體的績效。讓她體悟到「外界」的需要，因為只有「外界」才是產生成果的地方。

因此，白莉安小姐考量自己的技能、專長、職務，以及所屬的醫院，對整個醫院及醫院目標的關係。唯有如此，她才會凡事都想到病人，發出內心的呼喚：

「我們對病人已盡了最大的努力嗎？」

這種自問自答的問法，就是「我能對病人貢獻什麼？」，眼界當然就會由外往內看，由未來看現在，由至高點看自己能做些什麼，好讓自己對病人有所付出、有所作為。

白莉安是位護士，是位不折不扣的知識工作者，她生產的是構想、資料和概念。她擁有的是護理知識和技術，她是一位專家。原則上，唯有她對護理很專精，她才能有效。但此一專長，本身就是片面的、孤立的。

因此，白莉安的產出，必須要與其他醫生的產出併在一起，才能產生病人痊癒的成果，回到他們健康的世界裡，這是醫院對病人的貢獻所在，也是白莉安和醫護人員存在的唯一理由。

「我能對顧客貢獻什麼？」思考的源頭是從客戶的需求、客戶的困擾、客戶的問題開始，且運用他們能理解的語言（而不是一堆的專業術語與自以為是）表達，使彼此之間的距離接近，對焦問題的核心，提供有效而快速的滿足服務。

如果是從自己的利益出發，想賺多少錢，能獲多大的利潤，要如何推銷給客戶，又如何說服客戶接受，形成高壓式的推銷，令人無法消受的人情壓力。縱然客戶勉強接受了付完了錢，肯定被嚇跑了，下次再也不找你了。

價值包含了價格

「我能對顧客貢獻什麼？」思考的主軸之二，就是「價值的承諾」。

有趣的是，若從顧客的角度切入，往往會有意想不到的重大收穫，也就是要先自問：

「顧客所需的直接成果是什麼？」

一、是乾淨俐落、有條不紊的商品陳列？

二、是為客戶提供暢快怡人的動線佈置？

三、是明亮又享受的購物體驗？

四、是貼心細膩無微不至的服務設計？

五、是快速又便利的舒適環境？

六、是價廉物美、服務到家的安排？

七、是量身打造、個性化需求的預約流程？

八、是親切自然、自由自在的人性化美好空間？

九、是充滿驚奇、感動不已的歡樂氣氛？

接著再問自己：「顧客所需的價值承諾是什麼？」最後才問：「究竟如何才能實現呢？」

顧客所重視的，已由價格的多少移轉為「價值」的層面了，也就是客戶所重視是價值部分並非僅是價格。因為價格毫無意義，也不存在，價格的意義即在於價值的呈現。

換言之，價值包含了價格，不信的話，我們走出去看看，用顧客的眼光來看街上的商店和商品，最後，你一定會發現，消費者還是理智的，重視價值的；只不過商人看到的現實，往往和顧客不同罷了。

至於顧客所需的商家價值承諾又是什麼？

一、是包君滿意，否則退款？

二、是價格折半，品質不變？

三、是天天低價，貨真價實？

四、是誠信原則，始終如一？

商家如何才能實現對顧客的價值承諾呢？反之，顧客又怎麼樣才能滿足自己所需的價值期望呢？

這是一個公平交易的平台，也是值得有關當局制定的一套完整的商業遊戲規則，使得不分國內外，即使是觀光客都能公平享受到購物的樂趣，而不是受騙、到處殺價的場景，最終導致糾紛四起，投訴無門，甚至於自認倒楣了事。

人人都是自己的CEO

第三個自問「顧客所需未來人力的發展是什麼？」意思是說：今日的顧客所需的人力服務，也許是傳統的方式，而明日的客人所需要的人力服務，也許是現代化的e-mail、手機傳輸、skype、網路購物服務……等等的人才。

因此，公司就必須儲備與提早培訓這樣的人才，不管他是多大的年紀，一樣都可以透過學習而獲得。因為這是未來的趨勢，更重要的是要培養各個不同領域的接班人，以滿足未來可能的顧客需求，公司才能持續生存下來。

透過以顧客為優先、以顧客為訴求、以顧客為出發、以顧客為成果的貢獻，才能真正能滿足顧客和公司本身的「直接成果、價值的承諾與實現及未來人力的發展」的全贏策略，以實現公司「我能對顧客貢獻什麼？」的最終目的，進而讓忠誠顧客反思「我能對公司回饋什麼？」，就像哈雷機車的騎士一樣，他們都以該公司為榮為傲，真正做到用機車結合成「哈雷人」的甜蜜感覺。

這些年來，我將所學的也轉述給兩岸各大小企業的CEO身上，竟然產生了難以想像的成果。他們告訴我，實施後不僅績效反應在直接的成果上，業績與利潤也不因金融海嘯而衰退，反而逆勢上揚。有些公司即使暫時面臨外銷訂單的滑落，依舊有抗跌的力道，過了一年立刻又回昇。

其次，在無形上的成長，更是關鍵所在。

企業的體質強化、流程縮短、產品研發精進、技術升級升段、團隊的默契、人員的素質以及對顧客的快速而有效的反應能力相對提昇，形成了以「我能對顧客貢獻什麼？」的優質文化，逐漸轉變成為企業的「核心能力」。

為了滿足於自我管理、自我經營與自我領導的需求，多年來我也都習慣這樣自問自答：

「我能對企業貢獻什麼？」

「責任」，又可分為「內在責任」與「外在責任」。

內在責任指的是對自我所做的決定與對自己所採取的行動負起責任；而外在責任則是對於公司所作的重大決策，也必須承擔必要的責任，這是針對企業內部組織的內、外在責任來定義的。

若以企業與外在環境而言，內在責任是企業必須能有效地加以運營，使得公司得以生存。而外在責任則是企業務必要負起對客戶權益維護的責任。

更重要的是，企業是社會的器官。這個器官的功能和地位，必須以其對社會的貢獻來定義的。

因此，企業必須要承擔社會的責任。同理，知識員工也是企業的器官，器官要能發揮功能，必須仰賴有效的管理，才能使知識員工發揮長才，作出對企業、社會有所貢獻的事來。

「我能對企業貢獻什麼？我又能對顧客貢獻什麼？」這是以杜拉克以「開放而動態的系統觀」來自我定位。唯有這樣才能清楚地認知自己的角色、功能和定位，以系統觀的概念確認自己的責任，並主動地願意以自由人的身分承擔必要的內、外在責任。

杜拉克一再叮嚀：「人人都是自己的CEO」。能自我管理的知識員工，就是個人職場生涯的執行長，他們必須要有綜觀全局、同時認清眼前挑戰以及掌握機會的能力，又有徹底認清自己的優點、缺點（限制）、價值、熱情，並承認自己有個自大、自義、自私的偏心生命。

因此，知識員工要能自問自答：「我能對自己貢獻什麼？」這是一個頗有啟發性的問題，也是一個自我負責的具體表現。要有執行長的擔當，遵循杜拉克所期許的那種標準：

「執行長需具備遠見、組織個性與影響力。首先視野需要聆聽與觀察，而非講述。需要定期檢視，並空出時間退一步解釋你所看到的情況，或許這是擔任執行長最難的部分。個性是指自我審視，檢查語意與強調的重點、發現自己一直都是理想典範。影響力則需要尊重人，把組織當成需要關懷與撫育的生命體。遠見、組織個性與影響力這三個特質，為二十一世紀的未來剔除不確定。這是執行長該做的，也是只有執行長才能做的事。」

取自《杜拉克的最後一堂課》（*The definitive Drucker*）

我能對自己貢獻什麼？

要成為自己的執行長，必須激勵自己的信心，使自己得以轉變。也必須不斷培養自己的「遠見」，唯有具備高瞻遠矚的視野、具備長期而根本的視野，才能孕育出真正的遠見。

個性是無需改變的，也根本改變不了的，唯一要做的也是能做的，就只是發掘自己的強項、自己的屬性、自己的特性、自己的典範；使自己的個性活化、活出個性，成為自己最理想的執行長。千萬不要討厭自己的個性、貶低自己的性格、否定自己的特質、傷害自己的自信心，這些都是無意義的。

至於影響力，是透過協助他人，讓他人的生命因我而變得不一樣。這不僅影響他人，也可以影響自己、影響團體、影響組織，甚至於影響這個世界，改變這個世界，就像杜拉克貢獻的「影響力」一般。

若說知識員工是「音樂家」，領導者是「指揮家」，那麼任何一個知識工作者，都必須既是音樂家，又是自己的指揮家。

如何指揮若定？又如何演奏一流的音樂水平？這是成為一位有效、高效、卓有成效的知識工作者，必須學習的功課。

因此，「我能對自己貢獻什麼？」唯一的答案就是：「成為對的人，才有可能做對事，然後累積成能做對事能力的人。」

然而，對的人必須是以最終的成果方能蓋棺論定，於是我著手學習杜拉克的有效成功的秘訣，讓我茅塞頓開，至今受用不盡。

一個要成為對的人，必須先認識自己的長處在哪，才曉得自己適合做什麼？成為什麼樣的角色？要發揮什麼樣的功能？杜拉克教了我一個小竅門，就是「回饋分析法」（Feedback Analysis）。他說：

「當你一旦作出重大決定、採取重要行動時，先將預期的成果記下來。九個月或一年後，再把實際的成果和預期的成果做個比較。到目前為止，我已經連續十五到二十年採用這個竅門，每次的結果都令我驚訝。凡是利用過這項竅門的人，也都有驚人的收穫。」

我如法炮製多年，也是大有斬獲，我發現以下幾點：

一、我的長處在哪裡？

我就是透過問對問題，釐清CEO個人與企業長期而根本的機會是什麼？在哪裡？如何取得？

二、我的缺點在哪裡？

為了使長處發揮得淋漓盡致，我要改善那些技能、吸收什麼樣的新知、研究那些領域的知識、取得什麼樣的資料與資訊……等等。

三、我驕傲自大嗎？

我曾在哪些方面因做對、做好、做強、做大而驕傲，時時提醒自己，成就越大、反而越要謙卑，千萬不要看不起自己專業領域以外的知識、技術而不自覺。

四、我會太重視績效了嗎？

我往往為了求好心切，以致得罪人而不自知，甚至於忽略人的存在，只是績效第一，利潤至上。

五、我是否常欠缺應有的禮貌？

諸如直接下命令，直接告訴別人該做什麼，而忘了說「請」、「謝謝你」、或是「麻煩你」。禮貌，是組織內部絕對需要的「潤滑劑」。

六、我能不做某些事嗎？

在組織裡，有些事根本不要做，甚至不該去做。

對於自己不擅長的地方，根本不必浪費時間去改善，不是它不重要，而是不必要。

唯有善用精力、時間和資源，投注在自己最擅長的長才上，才能將自己從「好手」培養成卓越的「超級明星」。

用「貢獻」取代成就

發現自己的長才，就像在挖掘一座金礦，往往是愈挖愈興奮，愈興奮就愈挖，形成善的循環。要立志讓自己成為一位對的淘金者，才能挖到一車接著一車的黃金。

人才，是組織裡最貴重的資產。國家缺乏人才，則失去方針；軍隊缺乏人才，則失掉信心，企業缺乏人才，就很快瓦解，家庭缺乏人才，則支離破碎。

杜拉克在十歲左右，就受到兩位恩師愛莎和蘇菲兩姐妹的啟發。他在《旁觀者》一書中坦誠：

「她們對我影響之深遠，已到了無法形容的地步。」

為什麼杜拉克會發出這麼大的呼喚，這麼高的評價呢?這兩位小學教師，居然能對一代大師影響如此深遠，杜拉克回憶道：

「在我的記憶中，如果沒有愛莎小姐和蘇菲小姐這兩位老師，我這一輩子大概都不想教書……我從愛莎小姐和蘇菲小姐那兒學到的，要比我沒學會的那些更重要。這些東西在我心中的地位，是中學老師教導的一切所不能及的。蘇菲小姐是沒能讓我工於美藝，正如最偉大的音樂家，無法使不辨五音者成為樂師。但是因為她的教導，使我一生都懂得欣賞工藝，看到乾淨俐落的作品就為之心喜，並尊重這樣的技藝。至今，我仍記得蘇菲小姐把她的手放在我手上，引導我感覺那順著紋路刨平而且用砂紙磨光的木材。愛莎小姐教給我的是工作紀律和組織能力，然而有好幾年我都『濫用』這項技巧。」

最後杜拉克領悟到：「高品質的教導和學習、充沛的活力與樂趣，這些都可並行不悖。這兩位女士為我們立下了最佳的典範。」

就成果而言，「教學最終的產物不是老師得到什麼，而是學生學到了什麼。」杜拉克因為有幸遇上兩位恩師，生命變得很不一樣，最終以「對人類終極的關懷」為職志，回報愛莎和蘇菲的教導，成為人類史上最具影響力的人物之一。

這些影響力，或許是愛莎和蘇菲兩位老師，當初根本意想不到的結果。所以，杜拉克說：

「如果把『成就』兩字從你的字典中刪除，就可以讓事業得出最佳的成果。只要把那兩字換成『貢獻』，貢獻就是把焦點放在該鎖定的事物上，亦即你的顧客、員工和股東。」

因此，如果你只問自己：「我如何才能有所成就？」那這種成就不是很小，就是另一種挫折。如果你問自己：「我如何才能成功？」很可能也得不到自我的成功慾望，甚至傷及無辜。

所以，一家A級企業假如能把「『我』能對顧客貢獻什麼？」的自問，能轉化為「『我們』能對顧客貢獻什麼？」那麼距離到A^+級企業就已經不遠了。

重視貢獻，顧客滿意、員工如意、股東得意。重視貢獻，正當人際關係、促成團隊合作、激勵自我發展、引導培育他人，最終受惠的還是自己，你何樂而不為呢？

彼得·杜拉克教我的第3件事

時間不用管理

7 管理行爲而不是管理時間

我一再檢討，修改計畫，
可是效果依然極其有限。
我不懂到底那裡出了問題呢？
直到大師點出我的盲點，他說：
「你的問題不出在時間，
而是出在『行為』。」

不用管理時間，而要管理自己

在討論「時間」這個話題前，先說一段恩師杜拉克自己的經歷。

他在二十四歲時，英國一家知名的金融保險公司，請他擔任證券分析師。

一年後，他跳槽到一家小規模但快速成長的私人銀行，擔任三位合夥人的執行秘書和經濟分析師。

有一天，創始人弗里伯格把他叫進辦公室，並告訴他說：「彼得，你剛進來公司時，我不太看重你，現在還是一樣。不過，你比我想像中還要笨，而且比你職位所需的水平要差得多。」

杜拉克回憶道：「由於另兩位年輕合夥人，每天都把我捧上天，聽到創始人這麼說，簡直讓我愣在當場。」

後來，這位老紳士又說：「我知道你在那家公司的證券分析做得很出色，但如果我們要請你做證券分析，就讓你待在原公司好了。現在你是執行秘書，卻還繼續做證券分析的工作。你想清楚，現在該做什麼，才能在新工作中發揮效能？」

杜拉克自己描述，當時他極為生氣，但也明白弗里伯格說得很對。此後，杜拉克完全改變了自己的行為和工作方式。

「時間」到底是什麼？

說完了行為，我們繼續說明「時間不用管理」之前，先來看「時間」（time）到底是什麼？

很少人能正確回答這個問題，甚至絕大多數的人根本不知道時間究竟是什麼？首先讓我們先來探討時間的屬性、特性後，再來回答「時間」是什麼？

一、它無味、無色、無形。

二、租不到、借不到，也買不到，更不能以其他方法取得更多。

三、既沒有替代品，也無法儲存。

四、不但容易耗損，而且一去不復返。

因此，對於這一項最特殊的，無可替代的和不可或缺的資源，人人卻都以為可以取之不竭，用之不盡似的。然而有效的知識員工，行為裡最顯著的特點，就是懂得「珍惜時間」。

對於絕大多數的人而言，以為填滿了行程、安排密密麻麻的行事曆，一個會接一個會召開，就代表自己是高效率的專家，處理事務的高手。

可惜的是，這些人卻往往忽略了何者該做？何者不該做？何者是對的事？何者是把事做對，又何者是做錯了事？

一旦做錯了事，即使用對了方法，最終結果卻可能更糟。

古人也常提到時間的重要，例如「一寸光陰一寸金，寸金難買寸光陰」，或是

「光陰似箭，一去不返」，或是「時間是金錢」等等的俗諺。

近代文豪魯迅甚至說：「浪費別人的時間是謀財害命，浪費自己的時間是慢性自殺。」然而古今雖然都有人強調「時間」很寶貴，但卻沒人像杜拉克這樣對「時間」作出正確的定義。

問題在「時間分配」

回頭再說，「時間」到底是什麼？又為什麼無法「管理」？

其實，我們應該先認清這個事實：

世界上根本就沒有「時間」這回事，也就是說，「時間」完全就不存在。

人類在世上所依據的「時間」概念，僅是種衡量的工具，就像用體重器來測量體重一般。因此，時間只是用來衡量人的生活作息、工作效率的依據而已。

為何說時間不存在呢？又為何沒有時間這回事呢？

乍看之下，這是無法理解的，更不能接受的。但事實確實就是如此，世界上只有「永恆」，卻不存在著「時間」。

在永恆裡，是不可分割和不可衡量的。所以要劃分永恆來達到「時間」，也同樣不可能。

所以，話說回來，你要藉著堆砌時間來估計永恆，也是不可能的。即使添加再多、再多、更多的時間，時間仍然只是時間。

聖奧古斯丁宣稱：「時間存在於永恆之中，由永恆創造，並懸在永恆裡面。」但是，齊克果卻認為這兩者屬於不同的層面，互為對比而又互不相容。他不只經由邏輯和內省，也從十九世紀的生活現實，體認到這點。

總之，「時間」必須與永恆連結，時間才會存在。這樣的「時間」，也才具有價值，才有意義。

任何生物無論能活多久，若無法與永恆連結的話，通通毫無價值，也根本沒有意義。從這裡來看，時間等於根本不存在；對人而言，更別說是在永恆裡了。

人類有史以來，就用千百種不同的方式，作為時間的衡量方式，以便精準地掌握時間，善用時間。

為了使時間能更有效的發揮其作用，才有所謂第一代、第二代到第五代的時間管理。這些工具雖然有用，也被多數人所愛用，但其效果卻始終不盡人意。

其實人們需要的不是「管理時間」，而是要懂得「管理行為」。

「生產性」的時間

每逢挫折或失敗，我們常認為是在計劃上出了大問題。該如何計劃呢？再周延的計劃都趕不上外界的變化。正如拿破崙所說的：

「在每場戰役之前，我都做了計劃，但沒有任何一場是按計劃進行。」

這並不是說計劃沒有用，或是計劃根本不必要；反而是更需要計劃。計劃是一項思考的工具，透過思考，將今日的資源投注在不確定的明天，並採取行動予以有效的完成目標。美國管理學者大衛・艾森豪說：

「計劃乃微不足道，規劃則博大精深。」（plan is nothing, planning is everything）行動的規劃遠比周全的計劃更為有效。沒有行動、缺乏執行力，再棒的計劃都無益，甚至浪費資源而不自覺。杜拉克一再地提醒我們：

「關於管理者任務的討論，一般都從如何作計劃談起。這樣看來很合乎邏輯。可惜的是經理人的工作計劃，極少真正發生功能。計劃常只是紙上談兵，常只是美好的意願罷了，很少轉為成就。」

真是一針見血，不愧是觀察入微。就拿我自己為例，打從我懂事以來，不知計劃有多少，至少有上百個，可是真正有實現的不到幾個，簡直少得可憐。為什麼會這樣呢？

是我偷懶？

是我健忘？

還是我笨？

我一再檢討，修改計畫，可是效果依然極其有限。我不懂到底那兒出了問題呢？直到杜拉克點出我的盲點，我才恍然大悟。他說：

「你的問題不出在時間，而是出在『行為』。」

也就是說：「檢討不要以計劃為起點，而是要認清自己的時間，到底花用在什麼地方？」

大師的一棒，立刻把我給敲醒。為了實際了解我的時間究竟是怎麼花用的，於是我下定決心做了一百天「記錄自己的時間」，從清晨起床到夜間上床，一整天的流水帳我都巨細靡遺的記下。

一開始我根本無法相信自己的眼睛所看到的事實，為什麼我真正花在有「生產性」的時間，平均每天竟然不到一小時。其餘不是「非生產性」，就是「浪費時間」，讓我嚇出一身冷汗。

我僅有每天不到一小時的「生產性時間」，卻自認為自己是「時間管理」的高手，因為我還曾經教過很長一段時間關於「如何做好時間管理？」這類課程，真是一大諷刺。沒有恩師杜拉克提醒，我還真以為自己是「時間管理」的講師。

我決定了！

被大師當頭棒喝之後，十多年來我痛定思痛、強力提昇生產性的時間，使自己的生產力急速竄升，結果依然事與願違。

原來自己以為提昇了很多，改善了不少。但是等到二〇〇七年元月一日起，我再度記錄自己一天的時間後，才徹底清醒過來。原來我在「生產性時間」方面，增加的並沒有太多，這給了我很大的震撼。

為何我的記憶和感覺總是靠不住？總是和事實有落差呢？

繼續記錄半年之後，在非生產性時間與浪費時間這兩項，我開始先處理「時間浪費」的部分。「不忍卒睹」的原因之一，是我半年來平均每天浪費高達四小時二十餘分鐘時間。

其中最大的浪費部分就是「看電視」，平均我每天在電視前二小時三十七分鐘。歸納電視節目有NBA籃球賽（賽程由當年十一月起，至隔年六月中旬東西區總冠軍賽）、電視政治談話節目以及Discovery、國家地理頻道、旅遊頻道、電視新聞……等等不一而足。

我先動手砍掉了「政治談話性節目」，這一砍每天就省了一個半小時的時間出來，並將這些時間移入讀書、研究特定的議題上，使自己的「生產性時間」加倍，果然生產力也大為增進，成果明顯地改善了。

對我而言，二〇〇七年的下半年，真是豐收的日子，可是我還是不能滿足於現狀，到了二〇〇八年，我繼續記錄自己的時間，力求更上一層樓。

時間的運用和浪費，才是直接有關有效性和成果的，就像通用汽車的前總裁史隆在決定人事決策時，所花的時間與所產生的影響力，評估起來是值得的。

二〇〇八年我決定了下半輩子最該做的一件事是什麼？也確定了我下半輩子的生活，生命的主軸，這立刻成為我時間花用的最大部分。因為我決定了：

「我要成為一位彼得・杜拉克的傳播者、實踐者與見證者。透過教學、諮詢與寫作，實現恩師最終的願景：『自由而有功能的社會』。」

因此，當主軸出來以後，我隨即安排時間以利達成既定的目標，將時間予以有效的分配，比如擔任CEO的諮詢顧問，每年不超過八十天；教學也壓縮在八十天內，但寫作則要調整到一百天以上。

有了重要的基本原則之後，成了我重新規劃的依據。因此，我改變了生活的作息習慣，每天晚上九點半上床睡覺。原因是我屬於「上午型」，清晨時刻較為清晰、清醒、清徹，以利吸收或寫作的最佳時機。相反的一到晚上，體力下滑，腦力不能集中，不適合讀書或寫作之類的思考和工作。

每天清晨約四點到五點起床，先用七十五分鐘在學校或敦化南路行道樹旁練氣功，再返家讀經、寫作、讀書和有關議題的深入研究。在這期間，最享受的莫過於邊運動邊思考，邊釐清邊理順很多概念和難題，也有意外的漫畫劇本創作和創新的作法，真是一舉數得。

調整生活後更大的收穫，就是時間的運用與浪費形成強烈的對比，亦即約有八成的時間運用於生產性工作，僅有二成的時間還是浪費。

如此一來，已經大大地提昇了我的效益，例如二〇〇九年一年裡，我就完成了七本著作，也豐富了我的生活和生命內涵。

8 自我管理的「三問」

先別想著管理時間，
作每件事之前先想想這三個問題：
這件事不做有什麼後果？
這件事能請別人代勞嗎？
我是不是在浪費別人的時間？

寫書就像蓋房子

二〇〇八年四月，拙作《德魯克教你當領導》一書，終於在大陸出版了。這本書耗費了我十年之久的時間，為什麼要這麼長呢？因為我先花了兩年半時間，在台灣的《工商時報》「彼得．杜拉克管理學」專欄裡，寫了一百零八篇短文，要轉化成書必須加長文章與增添內容，如此又花了我近十個月的時間。

但送到出版社卻被退稿，於是我又再重新改寫一遍。之後送到大陸的「經濟日報出版社」，出版前又經王振德教授和錢大川主編，花了大量的心血和時間潤飾、補強後，最後付梓成書。

從寫專欄、修改文章、到重寫書稿，讓我學到很大的功課。一本書的寫作過程原本應該是「結構決定內容」，而我剛好相反，想要以內容決定結構。

這是想要把事做對，所以要耗費周章，煞費苦心，而不是第一次就做對事，檢討起來，實在是愧對恩師的教導。

這一次在台灣出版《彼得．杜拉克這樣教我的》，寫作之前，文經社主編管仁健就先提醒我：

「寫書就像蓋房子一樣，一定要先畫好設計圖，接著再依圖施工。施工前不但要先挖好地基，而且地基的面積一定要比房子本身大，房子才能穩固。鋼筋水泥的主結構好了之後，再思考室內裝潢的細節。」

在「結構決定內容，內容豐富結構」的原則下，果然《彼得．杜拉克這樣教我的》出書的過程，不但做對了事，時間也用得更有效率。

診斷自己的時間

恩師杜拉克曾教我如何診斷自己的時間，我反覆使用，多年下來，果然成效十分美好，想與大家分享箇中的竅門。

第一步是記錄我時間耗用的實際情形，除了第一次長達一百天的記錄外，事隔十餘年後，二〇〇七年開始迄今，我又記錄檢討。對我而言，實在是有極大的收益。

現在記錄時間耗用，已成了我的心智習慣。很奇妙的連記錄本身，也變成我生活的一部分。

第二步是我做了有系統的時間分析和管理，並且分別以A、B、C作為代表。

A是生產性時間。

B是非生產性時間。

C是浪費的時間。

我將B和C的活動找出來，試著消除這類活動，以強化生產性的活動。

另外我也從杜拉克的教導中，學到了三問，這對我減少「浪費的時間」大有助益。

這件事不做有什麼後果？

掌握時間的第一問就是：「這件事如果不做，有什麼後果？」

例如有位多年的朋友，要我跟他的兒子聊聊愛情上的困擾，被我給婉拒了。原因有兩點：

一、我又不是愛情專家，諮商應該要找更合適的人。

二、假如不做這件事，根本不會影響我與朋友之間的情誼，反而做了之後幫倒忙，才會傷害彼此間的信賴感，何必呢？

這件事能請別人代勞嗎？

掌握時間的第二問就是：「這件事如果不是自己做，能請別人代勞嗎？」

檢討之下，在時間記錄裡的活動之中，那一項另請他人辦理，一樣能做得好，甚至更好呢？

在做任何事之前，我都會自問這個問題。

例如我是電腦的無知（真的是無知，不是客套話）遇有關查詢資料、製作powerpoint、設立Skype、手機建立姓名電話資料，全交由內人處理。

請她代勞有兩個理由，一是她十分靈巧、做得好；二來她頗具美感（她是插花教授，也是美的愛好者、實踐家）。

但出國時的行李，一定是我自己解決。原因是我清楚自己需要什麼東西，以及不需要什麼東西。

我是不是在浪費別人的時間？

掌握時間的第三問就是：「我做這件事，是不是在浪費別人的時間？」

如果這件事，是我自己可以控制的，並且可以消除的，我就是在浪費他人的時間。

這一問幫助我極大，原因是若對他人沒有貢獻，既拿他的酬勞，又在浪費他人的時間，更浪費自己的時間，心中會有罪惡感。

包括對CEO的個人顧問諮詢、授課教學，以及一般性的聊天，若對他人或自己毫無益處，根本不該做，也不值得去做。

多年來節省了我非常非常多的時間和精力，讓自己愈來愈學會珍惜時間資源，愈來愈朝向有效性與貢獻。

「自我管理」才是源頭

聖．奧古斯丁（St. Augustine）曾說過：「人若沒有移動或變異的話，時間根本就不存在。」

從這個角度來看，若一個人一輩子只知吃喝玩樂，混吃等死，與其他動物又有何異呢？

但一個人若只知工作、工作、工作，生活、生活、生活，這樣一成不變，也不想改變的話，那麼時間究竟跟他又有何關聯性呢？

所以，不作任何重大改變，就等於是時間根本就不存在，因為時間的價值和意義也就消失了。

當然，聖．奧古斯丁的說法指的是：「如果生命沒有改變的話，時間究竟有何意義？」相信你我更能體會更加明白其中的哲理了。

從聖．奧古斯丁的觀點推測：「人若沒有移動或變異的話，時間根本就不存在。」也就是說，一個人的先決條件就是必須有所改變，時間才會存在。

既然必須有時間存在，才有管理的必要；但「管理時間」的前提，則是要先學會管理自己的變易、經營自己的變革，也就是說先要學會如何「自我管理」。

「自我管理」才是一切管理的源頭，也是領導他人、組織的先決條件，基於此，我們才會說：「時間不用管理」。

因為能有效性的自我管理，當然自會珍惜時間、善用時間與發揮時間的生產性，是無庸置疑的，也是水到渠成的。

然而，從杜拉克的觀點來講，他在其《有效的管理者》一書中的第二章標題寫著：「認識你的時間」。

他為什麼不直截了當地寫「管理時間」，原因是他深怕有誤導的可能。「管理時間」根本是個錯誤的命題，時間根本無需管理，因為「時間」就是一個常數，是不變的，就像一條河流的水一般的流著、流著，當然河水的流水速度會有快有慢、有大有小，但時間的流逝不會因人、因地、因狀況而改變的。

因此，真正的變數是「人」，不去管理變數、控制變數；反而去管理常數、控制常數，實在是講不通的道理，也根本不符合邏輯。

時間是常數，無需管理，也無法管理；真正該納入管理的是變數，就是自己如何管理自己，又如何有效的自我管理才是正途，而不是不負責任地推說：「我的時間管理不好。」

「我的錯是我管理時間不行。」

這種說法，就像一切的一切都是時間的錯，因為時間不夠多、不夠長、不夠善待我，我才會達不到目標，無法完成目的，更無法創造自己、實現自己的理想。

當然，能有效的管理好自己，又能有效性的管理自己的時間，是人人夢寐以求的目標，也是知識工作者必須學會的功課。難怪杜拉克會說：

「二十一世紀人類最偉大的革命，既不是太空科技、網際網路、醫學發現、科技研發、生物進展，也不是什麼偉大的發明，這些都很重要，但最偉大的革命要算是『自我管理』了。」

杜拉克似乎要傳遞一項訊息就是：「每個人都可以透過自我管理，成為自己心目中的理想人物。」

最後，杜拉克要鄭重地叮嚀我們：「認識你自己」，我們都是時間的消費者，但大多數人卻是時間的浪費者，我曾經也是，但現在卻完全不一樣的我了。

人若不能掌握時間，就別想把事情做好、管理好。所謂：「時間不滅定律」是謊言，是騙局；但若與永恆連結與神連貫，時間不滅定律就會成為可能，只是那不叫「時間」，而是「永恆」。

彼得·杜拉克教我的第4件事

你現在最該做的一件事是什麼？

9 被留在糖果店的小男孩

許許多多的領導者，
都像被留在糖果店的小男孩，
總是那般貪得無厭，什麼都做，
不管能做或不能做，該做或不該做的，
一律照單全收，
最終不是累倒自己，
就是責備屬下無能。

「荊棘鳥」的啟示

在南美洲有一種很特殊的鳥，牠的名字叫「荊棘鳥」。

因為牠擅長在荊棘灌木叢中覓食，而羽毛又像燃燒的火焰般鮮艷，因此稱為「

荊棘鳥」。

荊棘鳥的奇特就在於：

牠一生只唱一次歌。

從離開鳥巢開始，牠便不停執著地尋找荊棘樹。一旦找到了，牠就把自己嬌小的身體，扎進一株最長、最尖的荊棘上，和著血和淚放聲歌唱。那淒美動人的歌聲，讓世間所有的聲音相形失色。

一曲終了，荊棘鳥氣竭聲消，這種以身殉歌的專注，確實令人感動。

杜拉克一再教導我們，知識員工的有效性秘訣便是「專注」。亦即專注於「先其所當先」（Fiset things first），尤其要以自己的所長，專注在公司最優先的工作項目上，以求其對顧客作出貢獻。

在此同時，我們還要自問：

「我現在最該做的一件事是什麼？」我們應該找出一件該做且值得做的事來，專心一志地去完成。

這就是：「專注力」。（Do one thing at a time）。

兩位荒野上的先知

「專注力」包含了什麼？

這是一種熱情的具體表現，是一種近乎瘋狂的熱愛。這種精神狀態是觸動人心，感人肺腑的泉源，也是一個人能力得以急速提昇，潛力可以迅速激發的萬靈丹；更是促成組織變革的原動力，是發揮總體戰力的有力保證。

然而，僅有極少數的人能領悟箇中奧秘。愈早領悟者，就愈早有機會成為業界的有效領袖。

失敗的原因有很多，但失敗者共同的特色就是「抱怨」，他們的生活裡除了抱怨，還是抱怨。

抱怨者不成功，成功者不抱怨。失敗者身上共同缺少的就是「專注力」，就是熱情和瘋狂的投入度。

或許他們把專注力用錯了地方，投入在抱怨裡。

人是一種多用途的工具，易使人注意力分散，難怪連一代大師杜拉克都自我省察；他在《旁觀者》一書中寫道：

「只有像富勒與麥克魯漢（富勒是高能聚合幾何學大師，而麥克魯漢是電子媒體的玄學家）這樣一心一意地追求，才真正有所成就。其他的人，就像我一樣，或許生活多彩，卻白白浪費青春。像富勒和麥克魯漢這樣的人，才可能讓他們的使命成真；而我們卻興趣太多，心有旁騖。我後來學到，要有成就，必得在使命感的驅使下『從一而終』，把精力投注在一件事上。」

「富勒在荒野上待了四十年，連一個追隨者都沒有，然而他還是堅定地為自己的願景貢獻一切；麥克魯漢花了二十五年的時間，追逐他的願景，從不曾退縮。因此，時機成熟時，他們都造成相當大的影響。然而，他們雖有所成就，但還是不算成功，很多像這樣的人留下的，只是荒漠中的白骨。其他像我們這樣有著很多興趣，而沒有單一使命的人，一定會失敗，而且對這個世界一點影響力都沒有。」

杜拉克透過富勒和麥克魯漢這兩位荒野上的先知，來自我解剖、自我批判及自我省思，並且也為我們指出了一條「單一而堅定的使命感道路」：

我們不要像富勒、麥克魯漢那樣，只有個人成就，對團體或其他人，卻談不上有重大的貢獻；更不要像杜拉克所說的興趣過多，心有旁騖，以致對這個世界一點影響力也沒有。

只要做好一件事

杜拉克這種高標的看待自我、衡量他人，可說是一種知識分子的道德勇氣與自我的醒悟。

因為「能做好一件事，卻沒有用心地做好它」，是一種罪惡，是一種內心的自我譴責，充分地體現杜拉克的一貫精神和行事風格。

但話說回來，以杜拉克的聰明才智，博學多聞，若能堅持一輩子僅做一件事，其作為和貢獻，恐怕更不可同日而語，可惜為時已晚也。

因此，要有效地善用人類各方面的能力，最好的辦法莫過於集中個人各方面的能力於一件事上，這就是專心一志，也就是專注力。

往往我們在工作時，卻想到那裡好玩，想到那兒歡唱，因而常常心不在焉，分神分心，無法專注，以致於工作不力，不是客人不悅，就是老板傷心。

反之，在郊外遊玩時，或一塊兒歡樂狀態中，腦中不時地回想工作時的不愉快經驗，以致於暢快不起來，歡樂大打折扣。

想想我們小時候，上課時想著下課在操場玩，不專心聽課成績就不好；但等到了下課，玩的時候又擔心成績不好會被「修理」。最後就是成績差又沒玩到，兩頭落空。

問了自己一句話

遇到一些困厄潦倒，大志難伸的朋友，我常提醒他，是不是您少問了自己一句話：

「我現在最應該做的一件事是什麼？」

一位在咖啡店工作的服務生，為了煮一杯香醇可口、垂涎欲滴的咖啡，如果她能自問：

「我現在最該做的一件事是什麼？」

隨即答案十分明顯，專注、專注、再專注地煮一杯很棒的咖啡，讓客人留連忘返，喝到世上最美味的咖啡，就能贏得客人的讚賞與尊敬。

一位美髮設計師，在為客人服務時，心中若浮現這句話：

「我現在最該做的一件事是什麼？」

她會立即拿起一支筆，在大鏡上畫上客人的頭形輪廓，以簡捷有力的線條，勾畫出客人美麗動人的新造型，使客人感覺受到尊重。

過了不久，亮麗出眾，賞心悅目的新髮型被修剪出來，必能贏得顧客的賞識與喝采。

一位老師在授課時，內心若懷抱著：

「我現在最該做的一件事是什麼？」

這樣的聲音就會不停地催促她、提醒她，使她專注、專注、再專注於學生能做的是什麼？他們個別的強項是什麼？長處在哪？才華又是什麼？並為他們立下短期與長期的目標，好讓他們更上一層樓。

接著，她還要再針對每個學生的弱項、短處、限制找對策，使他們在發揮自己長處時，不致於受到短處的牽制、弱項的威脅。最終，學生可從自己的表現中獲得回饋，進而培養他們的自律、自我引導的能力。

每個學生都能建立自信心，養成自我高度期許，高標看待自己的心智習慣，成為一位有用的未來社會人才。

這就是老師之所以成為老師的價值所在。

一句話先生

被尊稱為「一句話先生」的彼得．杜拉克，總是喜歡以蘇格拉底的問句來諮詢他的客戶（包括有總統、高級政府官員、非營利組織與非政府組織及企業CEO……等），這些經典問句諸如：

一、假如你不在這行，你現在還會加入嗎？

二、如果你不加入，你會採取什麼樣的行動呢？

三、如果該項技術不是你們的核心能力，會成為別人的核心能力嗎？

四、這不是你家的客廳，你是否願意成為他人的客廳呢？

五、你們的公司是做什麼的呢？

六、你們是從事什麼樣的事業？

七、你們的事業將是什麼？

八、你們的事業究竟是什麼？

九、你們公司為什麼要雇用你呢？

十、你能對顧客貢獻什麼？

十一、你的時間都花用在哪兒？

十二、你究竟是做對事還是想把事情做對呢？

十三、用對方法做錯事遠比用錯方法做對事來得可怕，你有自我檢視嗎？
十四、你又如何協助屬下盡情發揮呢？
十五、你能做什麼？
十六、你不能做什麼？
十七、你是如何輔佐你上司呢？

一件事先生

請不要告訴我：「我不能做什麼」，這只是你自己的限制罷了。有效性是可以學會的，管理是必須學習的。學會如何學習，用腳走不通的，用腦一定可行。例如「人人都是時間的消費者，但大多數人卻只是時間的浪費者。」不能管理自己行為的人，也不能管理自己的時間。

杜拉克常問別人以下這三件事：

一、你現在最該做的一件事是什麼？
二、這件事若不做，會有什麼後果呢？
三、這件事若交由別人來做一樣做得好，你會放心嗎？

這些問句，使得杜拉克贏得了或「一件事先生」的封號。他之所以重視這樣的問話，就是因為：

「許許多多的領導者，都像被留在糖果店的小男孩，總是那般貪得無厭，什麼都做，不管能做或不能做，該做或不該做的，一律照單全收，最終不是累倒自己，就是責備屬下無能。」

因此，杜拉克總是會一再提醒他們說：

「你現在最該做一件事是什麼呢？」

試著從糖果店裡，把他們拉回到現實的自己，認清自己的現實環境以及自己的角色定位，以便重新出發，使自己在組織裡更能發揮所長，做出最大的貢獻，就像通用汽車的史隆、奇異電器的傑克．威爾許一樣，成為A⁺的領導者。

10 人對了，事就跟著對了

人才，
是一切事業的源頭。
人對了，
事就跟著對了，
事業自然也就成了。

我是以「寫作」維生

杜拉克不是只會諮詢他人，其實他打從十四歲生日的前一個星期，他就自問：「我現在最該做的一件事是什麼？」

他驚覺自己已成一個旁觀者。那天是一九二三年十一月十一日，也就是說，再過八天就是杜拉克的生日。

巧的是一輩子僅僅做一個角色，就是「社會的生態學者」的杜拉克，竟於二〇〇五年十一月十一日去世（再過八天就是他九十六歲的生日了），整整八十二年間，他由一位旁觀者進入到一位「社會生態學者的旁觀者」，正說明了杜拉克「從一而終」的角色扮演，的確了得。

杜拉克不愧是一位「有效的自我經營」的權威，他不時地自問自答：

「我現在最該做的一件事是什麼？」

他為了扮演好旁觀者的角色，常常從不同的角度來看自己，並反覆思考。他的思考，不是像鏡子般的反射，而是一種三稜鏡似的折射。

接下來杜拉克一連串的自問自答，形成他獨特的學習方式，也奠定了他偉大成就的秘訣，他自問：

「我的長處何在呢？」

因為必須了解自己的長處，才能知道自己適合做什麼。杜拉克自創一套方法就是「回饋分析法」（Feedback Analysis）。

每當他做出重大決定，採取重要行動時，就會先把預期成果記下來。九個月或一年後，再將實際成果和預期做個比較、對照。他說：

「我已經連續十五到二十年採用這個方法，每次的結果都令我十分驚訝。」

因此，他才會自我戲謔說：

「我是以『寫作』維生」。

透過寫作來學習

杜拉克授課時並不花俏，甚至不太能吸引學生；可是當顧問諮詢客戶時，卻是十分了得。

所以傑克・威爾許第一次與杜拉克見面時，談了不到幾分鐘時，後來回憶時發出如此地讚嘆和仰慕：

「站在我面前這個人是位巨人。」。

他對於自己不擅長的部分，也不願浪費時間去改善，譬如他那又濃又重的德語發音，終其一生也都還是一樣，最終反而成了他的特色之一。

因此，他把大量的時間，花在寫作與顧問諮詢上，在管理學上做出了極大的貢獻，形成了善的循環，締造出一位「大師中的大師」。

杜拉克也常喜歡自問：

「我的做事方式如何呢？」

「我該如何學習呢？」

他，單槍匹馬，堅持一人獨立作業。

他，既不要秘書，也不要融入團隊，形成一位獨來獨往的獨行俠。

至於他是如何學習的呢？

他是十足的閱讀者而且過目不忘，可是他主要的創新，與創見的概念，絕大部分都是透過寫作而習得，因為他說：

「我是透過寫作來學習的」。

結果他得出了結論，並一再叮嚀我們：

「別試著改變自己，因為這是不可能成功的。但是，請努力改善自己的做事方式。對於那些不適合你表現的工作，就盡量敬而遠之。」

這是既客觀、中肯有效，而且是符合實務工作的作法。

我的核心價值是什麼？

杜拉克為了做好與做對「自我管理」，他常自問：

「我的價值是什麼？」

「我的核心價值又是什麼？」

個人的價值必須與組織的價值相容。很少有人去應徵工作時，會主動問到公司的經營理念與經營的使命宣言是什麼？

我們必須找到一家適合自己價值取向的公司，才有可能發揮所長。反之，公司也才可以能獲得一位適合的人才，予以長遠的栽培。杜拉克舉了一個自己年輕時親身經歷的例子：

「許多年前，我也曾在長處和價值之間做過取捨。一九三〇年代中期，我在倫敦是一位相當傑出的年輕投資銀行家，這顯然是我的長處所在。但是，我不認為當個資產經理人能有什麼貢獻。我體認到，『人』才是我的價值重心。而且，就算再有錢，死後還不是兩手空空。於是在那經濟大蕭條的年代裡，雖然沒錢，也沒有工作，也不知道前途何在，我還是選擇了辭職——這是一個正確的決定。」

這麼年輕的杜拉克，居然學會如何學習如何面對抉擇。尤其在困頓的歲月裡，不為五斗米折腰，有勇氣做出可能影響一輩子的前途和作為，這是何等困難的決定。

然而，事實證明，價值觀應該才是最終的檢驗標準，也是個人最至高的準則。

經過一一理順之後，杜拉克最後問到自己：

「我適合做些什麼？」

除此之外，他強調更要自問：

「我不適合做什麼？」

於是，他釐清了自己適合「寫作、諮詢與教學」三合一的工作模式，而且三者又可以相輔相成，形成一種良性循環的綜效關係，他靠寫作來強化其「開放而動態的系統思維能力」，以利其創新性的思考和原創的概念創見。

由於他每隔三到四年，就會找尋一個新主題加以研究。他謙稱是因為自己興趣太多、心有旁騖，無法專一不二。

這些主題橫跨二十餘種不同的知識領域，使他逐漸累積了大量的不同知識，而他又能將一些相關與不相關的知識，透過動態的系統思維轉化為新的想法、新的創見，以致於他能擁有全局觀，又兼具微觀。

有了這樣的能耐，他還不罷手，他又選擇了企業、非營利組織、政府部門作為其知識的「實驗室」，透過這樣的檢驗與測試，讓他真正領悟到：

「不經邏輯試煉的經驗，不是『嚴謹的修辭』，只是『漫談』。反之，沒有經過經驗試驗的邏輯，不能算是『邏輯』，而是『荒謬』。」

之後，他又將這一切的一切透過教學予以統合或分享。他要求學生務必要擁有至少三年以上的工作實際經驗，否則聽不懂他的課。

因此，他自創這套自我學習的有效方式，不但快速提昇自己心智、視野、格局，更創造了自己一生的命運，也穿透時空影響未來。這是圍繞在他自問自答的這句話：

「我現在最該做的一件事是什麼？」

換言之，就是自問：

「我這一輩子最該做的一件事是什麼？」

最終他以「對人類的終極關懷」為訴求，以建立一個「自由而有功能的社會」為職志，將自己的一生貢獻給所有的經理人，直到永遠。

我有一個夢

一個人若能常自問：「我現在最該做的一件事是什麼？」必定能為人類和社會

作出貢獻，贏得世人的讚賞和尊敬。

金恩博士因為堅持「我有一個夢」，最終贏得當年美國白人的共同支持，得以圓夢。

秉持「不流血革命」的印度聖雄甘地，贏得英國上流人士的感動和默許，終於印度得以脫離殖民地，成為獨立自主的國家。

一個阿爾吉利亞的弱女子，來到印度這個國度裡，除了給予弱小無助的孤兒的麵包外，還給予更多足夠的「愛」，終於贏得了諾貝爾和平獎，贏得世人的尊敬和歌頌。

在她離世的追悼會上冠蓋雲集，參與追思會上的民眾，遠遠超出兩百多萬人，直逼甘地的喪禮。

這位身高不到一百五十公分的巨人，不是別人，正是「德瑞莎修女」。

我是這樣「自問」的

杜拉克的「自問」，深深地影響我、引導我，使我的後半輩子完全依循他的方式，逐步釐清自己的長處。

原來我能協助領導者、CEO與經理人，認識他自己與其組織，及其未來根本的問題、最大的機會與長期的發展。

至於我的做事方式有何特點？又該如何學習？

我不適合單打獨鬥，我必須仰賴團隊的合作，才能發揮所長，才能作出有效地貢獻。而我的學習方式則是透過與CEO諮詢過程中吸收菁華，透過教學的互動中引發創意，透過閱讀獲得足夠的知識，我的學習是多元的、開放的。

然而我的核心價值則在於「人」的方面，我熱愛人，專注人的發展，而不是展店、創業、發展事業上。因為我領悟到：

「人才，是一切事業的源頭。人對了，事就跟著對了，事業自然也就成了。」成功的職業生涯不是「規劃」出來的，成功的事業更不是計劃出來的，而是要透過了解自己或組織的長處和優勢、做事方式和如何學習以及核心的價值觀，能為現在和未來的機會作好準備。如此，就能擁有成功的個人與成功的事業。

就算是一位工人，只要知道自己適合做什麼，工作賣力但能力普通，也能有卓越出眾的績效表現，我是活生生的一個例子。我是這樣「自問」的：

「我現在最該做的一件事是什麼」？換言之就是：「我下半輩子最該做的一件

事是什麼」？

一、我要以杜老師「無知工作室主持人」為角色。

二、以「國際級企業佈道家」為定位。

三、以「對人的終極關懷」為訴求。

四、以培育「世界級CEO」為職志。

五、共同建造「自由而有功能的社會」為願景。

11 神箭手不是弓箭好，是瞄得準

一位有效的經營者，
僅會專注於當前的某一任務，
卻不輕易地承諾其他任務。
他會檢討情勢，
隨著情勢之變化，
再決定下一步的優先項目。

愛心是最大的力量

杜拉克從年輕時就會有這樣的自問，可能很難想像，啟發者是他的「老奶奶」。

她出身世家，是有名的鋼琴大師。很少人曉得杜拉克能彈一手好琴，甚至於已經到達專業的水平程度，就是老奶奶一手調教出來的喔。奶奶曾對他說：

「不要光彈樂曲，把音符彈出來。如果曲子好，音樂自然會流瀉出來的。」

老奶奶對任何人都充滿著愛心，即使只是跟一個妓女說話，還是客客氣氣的：

「莉莉小姐，妳好。今晚真冷，找一條厚一點的圍巾吧！」

還有一晚，她發現莉莉小姐喉嚨沙啞，就拖著一身老骨頭爬上樓，翻箱倒櫃地找咳嗽藥，之後再爬下去交給那個妓女。她的姪女告誡她說：

「奶奶，跟那種女人說話，有失您的身分。」

「誰說的？」奶奶告誡她姪女：「對人禮貌會有失什麼身分？我又不是男人，她跟我這麼一個笨老太婆，還會有什麼搞頭？」

用智慧面對難堪

挫折與難堪是我們最不想遇到的處境，卻也是我們一生中最難請到的老師。

杜拉克的爺爺風流倜儻，有數不清的情婦。七歲時杜拉克就問奶奶：

「爺爺這麼風流，您難道不傷心嗎？」

「當然囉！不過，沒有情婦的男人一樣的令人擔憂。」奶奶回道。

「那您會不會害怕爺爺一去不回呢？」杜拉克質疑著。

「一點也不。爺爺一定會回家吃晚飯的。我雖然只是個笨老太婆，不過倒很清楚——胃也是男人的性器官。」

奶奶堅定的口吻，讓杜拉克印象深刻。但最有智慧的，還是以下這段故事。

在納粹主義盛行的歐洲，有一天，杜拉克帶奶奶搭電車，一起回家過聖誕節時，在車上遇見一位高大，臉上有青春痘的年輕人，他的西服翻領上有著偌大的納粹標誌。

奶奶站起身來，一步步走向他，用傘尖戳那年輕人胸前的肋骨，說道：「不管你的政治立場是什麼，也許我有些理念還和你們一樣呢！嗯，你看起來像是有教養的青年……不過，你難道不知道？」

她指著他在衣領上的納粹標誌：「這東西會讓某些人無法忍受，說他人信仰的不是，是無禮貌的行為；就像笑別人臉上的青春痘，是種粗魯的作法。你不想被別人喚做『痲臉小子』吧？」

結果……這小子乖乖地把納粹標誌取下來，放在口袋裡。過了幾站，他在下車前，向奶奶脫帽致敬。

取自《旁觀者》（*Adventures of a Bystander*）

老奶奶幾乎展現出獨特而充滿智慧的現身活教材，她以「我現在最該做的一件事是什麼？」完全以當下的行為作為她「對人的熱誠，對事的執著」，立下了良好的典範。

有效管理的秘訣

對於個人可以如此自問，但對於組織而言，是否還能自問：「我們現在最該做的一件事是什麼？」

非營利組織給了我們有效成功的示範。在一篇刊於《哈佛商業評論》（HBR）的文章裡，杜拉克這樣描述著：

「女童子軍、紅十字會與基督教會等非營利組織，逐漸成為美國管理實務的領導者。這些組織在策略制定與董事會績效方面，做到了大多數美國企業還做不到的事情；在激勵與確保知識工作者的生產力方面，他們則是道地的管理先驅，足以作為企業的楷模。」

歸納其有效管理的秘訣有四點：

一、目標準確

二、積極熱情

三、績效卓著

四、董事會運作良好。

非營利組織他們將目標轉換成為使命，使命化為行動，最終匯集內外在資源轉化為成果。就像全世界最龐大的女性組織之一美國女童子軍總會前總裁海瑟貝恩最感得意的是：

為「小菊花童子軍」設定新目標，其使命宣言是「協助小女孩成為充滿自豪、自信與自尊的年輕女孩」，因而立下了成功的典範。

美國胡普學院董事長德皮利先生，向來以「知人善任」著稱，他主張組織該發展的「人」，而非「工作」，觀察人的長處是什麼？潛力如何？而不是想改造他人，重點應該放在激發潛能。

美國勞工總會教師聯盟主席申克爾就問過：「我們打算培育出什麼樣的人才呢？」（我們現在最該做的一件事是什麼呢？）

因此，學校當局必須集中精力在學生的表現和成果上，而不是教條和規則。尤其要界定清楚本身的使命，同時也需要一套「系統」去實現使命，學校才有脫胎換骨的可能。

素以「成效卓著的董事會」運作聞名全美的富樂神學院院長哈博博士，當談到董事會是如何有效成功運作的秘訣時，他說：

「就是他們集贊助者、掌管大局者、親善大使和顧問等四種角色於一身。」

聖約瑟夫醫院副院長李蔓女士，被杜拉克問到時：「妳從護士被提拔為主管時，到底上司賞識妳那一點呢？」

她直截了當地說：「管理技巧、溝通技巧，還有對照顧過的病人表現出極度的關懷。」

接著她又補充說：「一位成功人士真正不凡之處，在於能夠建立一支團隊，繼續發揮其工作、願景及組織。」

這才是開發他人的領導之道，也是自我開發中意義重大的關鍵所在。

最後，當杜拉克問及行銷大師柯特勒時，他點出了「互惠」與「交換的思考」，正是行銷概念的兩大支柱。其作法順序是：

一、先做市調，瞭解需求和市場。

二、發展市場區隔，像心臟協會將市場區隔成四十一種，成功地掌握市場。

三、針對目標市場，快速而準確地滿足目標市場。

四、將訊息向市場傳播，以利廣為流傳，擴大利基和綜效。

舉凡成功的非營利組織，都是如此奉行不渝的。

取自《使命與領導》（*Managing the Nonprofit Organization: Principles and Practices*）

「專注力」是一分勇氣

「我現在最該做的一件事是什麼？」並不是我喜歡做什麼，或我想做什麼？更不是我自己該做什麼？

因此，我們還要再問：

「現在有什麼是必須做的？」

這就牽涉到「何者當先」以及「何者宜後」的決策了。

將自己的長處投入到優先的工作項目上，以求最大貢獻，發揮最大的績效。若以部門、事業群、組織而言，則以公司的核心能力與大家的長才，集中於優先的領域或工作項目上，以求突出性的非常地表現。

正因為我們所面對的事務太多太雜，才特別需要專注力。唯有專心一志才能快速。

越能集中我們的時間、人力、努力和資源，我們所能完成的工作才能越多。因為任何組織都不能求資源供應的增加，就達到資源效果的增加。而效果的增加則有賴專注力，專注力是有效性的秘訣所在。

反之，一事無成，往往是經理人懶惰的藉口，他們疏於設定優先及專注於優先的結果。杜拉克教我們要完成一件事：

「除非我們能將一件任務轉化為公司的行為，否則任何任務都無法完成。也除非公司中的人人都能以某一使命為己任，除非人人都能以新方式來處理其原有的工作，除非人人都確認有承擔新工作的必要，也除非人人都能將上司的新計劃化為他們的工作，否則任何任務均無法完成。」

一位有效的經營者，僅會專注於當前的某一任務，卻不輕易地承諾其他任務。他會檢討情勢，隨著情勢之變化，再決定下一步的優先項目。

最後，「我現在最該做的一件事是什麼呢？」讓我們引用杜拉克的經典之語：

「『專注力』是一分勇氣，敢於決定真正該做和真正先做的工作，以運用時間及掌握情勢的勇氣。只有這樣的『專注力』，管理才能成為他自己的時間和情勢的主宰，而不致被時間和情勢所宰制。」

《孟子》上有一則寓言叫「學奕」，說的是下棋高手同時教兩個人學棋的故事。

下棋，只不過是個小技術；但不集中心思，不聚精會神，就不可能學好。奕秋，是全國最會下棋的人。讓他同時指導兩個人下棋，其中一人能集中心思，聚精會神，只專心地聽奕秋的指導。另外一個人雖然也聽奕秋的指導，心裡卻以為有大鳥將要飛來，想要拉開弓箭去射牠。雖然同是向奕秋學習，卻比不上人家學得好，是聰明才智不如嗎？我說：「那是因為他不專心罷了。」

專注力是如此重要，也難怪十六世紀英國作家托．富勒，他有一句發人深省的話：

「神箭手並不是因為弓箭好，而是因為他瞄得準。」

讀到這裡，或許您也該問一下自己：

「我現在最該做的一件事是什麼呢？」

彼得·杜拉克教我的第5件事

創造顧客而不是創造利潤

12

「一魚十六吃」到活魚市場

這位「一魚十六吃」先生，
從經營雜貨店到魚餐廳及活魚市場，
他不斷「創造顧客」，
根本沒想到要賺多少錢、創造多少利潤，
只是透過解決顧客的問題與煩惱，
滿足客人的需求和胃口。

利潤不是原因，而是結果

彼得．杜拉克一生中，也曾後悔做過一些事情。其中他多次提到的，就是：「我後悔創造了『利潤中心』（profit center）這個名詞。」

「利潤中心」如今已被各大小企業廣泛使用，但大師為何會後悔呢？原因無他，因為他認為：

「根本就沒有『利潤中心』這回事，有的只是「成本中心」（cost center）與「努力中心」（Effort center）罷了。」

其實利潤不是原因，而是結果；利潤是企業在行銷、創新、生產力等方面的績效成果。

利潤只是一堆做對做好的必然結果，利潤是對企業績效的檢驗，也是唯一有效的檢驗。

其次，利潤是不確定性風險的保險費，利潤並非企業責任的全部，但卻是企業的首要責任。

第三、「顧客」才是唯一的利潤中心。

因此，企業本身需要有最起碼水準的利潤，以承擔未來的風險。

企業的目的只有一個

杜拉克以系統觀的觀點來看組織，也就是社會將財富資源託付給企業。所以，企業的目的也應從企業本身以外的角度來看，亦即從社會的角度來看。

因為企業是社會的一個組織，所以企業的目的只有一個正確而有效的定義：「創造顧客」。

由於企業的目的是創造顧客，所以企業具有兩項基本功能：一是行銷；二是創新。

只有行銷與創新，才能產生成果，其他的都是「成本」與「努力」。

因為顧客是企業的基礎，是企業的生存要素，創造就業機會的並不是企業，而是顧客。

為了供給顧客的需求，社會將創造財富的資源，託付給企業加以利用。

因此，企業必須善加利用能產生財富的資源，實現創造顧客的目的。

利潤只是未來的成本

究竟什麼是「經營企業」呢？

企業活動的目的是創造顧客，企業的功能是行銷與創新。

為此，經營企業的本質應該是「創業精神」。企業固然需要經營績效，但必須設定創業目標：

「先有策略，其次才有結構。」

經營企業應該是創造性的使命，而非適應性的任務；經營團隊應該著重創造經濟環境或變革，而非只是消極被動地適應環境和變化。

基於此，經營團隊的最終成效，是以企業績效作為評量的唯一標準。

企業經營是理性的活動，具體言之，這代表必須設定目標，也就是它渴望達到的成就。

所謂的「利潤」，只是每月損益表下的數字而已，這些數字根本不是真實的數據，尤其談到利潤都只是一個參考值。

就像許許多多的公司，一開始營運由於運氣好，很快地賺到很大的一筆財富，就開始分紅、分股利、回饋股東，以為這是「利潤」，殊不知這只是企業「未來的成本」，一旦像金融海嘯或營運不良時，這些都只是原本應該預繳的保險金。

所以，當企業經營陷入困境時，已經把「保險金」挪做他用的，當然就應聲倒地，消失的無影無蹤了。

利潤極大化的反撲

有人想在大戈壁大沙漠開一家五星級餐廳，還想要賺大錢，這是非理性的投資，因為它無法提出創造客戶的方法，但卻可能一夜成名。

可是偏偏就有這種事，那是發生在「杜拜」。原本那裡是一塊不毛之地，漫天風沙，根本無法居住人，如今搖身一變，成了不折不扣的燈紅酒綠、紙醉金迷的玩樂城。

甚至他們還建造一家七星級的「帆船大酒店」，立刻揚名立萬，紅遍全球，創造了成千上萬、絡繹不絕的顧客；也因為有了無數的客戶上門，造就了杜拜第二期、第三期浩大的工程。

像這樣盲目地擴建，不斷地填海造陸，然後又有更多的遊客，更多的污染，更多的生態失衡，最終恐怕不是杜拜領導者所樂意看到的一場災難。

為了追求利潤極大化，只看到錢，沒有看到人，忽視社會，枉顧環境的持續受創，最終大自然的反撲，傷害還是人類自己。

這一幕一幕彷彿發生在自己的身邊，自己的身上，直到有一天我們醒悟過來為止。

我們怎麼曉得你在賣什麼呢？

有家雜貨店的老闆，因為自己愛吃魚而迷上了釣魚。他從河裡釣到海裡，技術越來越好，釣得多到吃都吃不完，送也送不完。只好放在自己的店裡，用大型塑膠桶裝著賣，可是根本無人問津。

有一天，一位小朋友看到桶子裡的魚，就問他：

「老闆，你們這些魚是給人看的，還是要賣的？」

老闆回道：「當然是要賣的，可是沒人要買呀！」

小朋友就說：「你又沒寫，我們怎麼曉得你要賣呢？」

這時老闆才恍然大悟：「對極了，我怎麼沒想到哪！」

第二天，老闆就用厚紙板寫個「魚」字，但又來了個客人問道：

「你賣的是活魚，還是死魚？」

老闆回道：「當然是活魚，魚不在桶子裡游來游去嗎？」

客人就說：「你又沒寫，我們怎麼曉得你賣的是活魚呢？誰會知道雜貨店裡有賣活魚。」

第三天，老闆又換了招牌，上面寫著斗大的兩個字「活魚」，結果一眨眼工夫全賣光了。

老闆心想，活魚有市場，就將店裡的事交由太太去打理，自己專心研究，潛心鑽研有關釣魚的技巧與心法。慢慢的，賣魚的利潤竟成了最大的收入來源。

這就是杜拉克所說的「創造顧客」。

一魚兩吃到一魚十六吃

不出幾年，老闆釣魚的心得多了，自然魚也釣得多了。於是又有買魚的主婦問他：

「這些魚要怎麼料理呢？」

由於他十分重視客人的意見和反饋，於是乎又開始投入研究魚的吃法了。

過了些時候，他開了「一魚兩吃」的餐廳，一推出立刻轟動，也賺了不少錢，但其他商家也開始模仿。

於是他不斷研發，接著推出「一魚四吃」，又賺了一筆錢。等別人又模仿後，他再推出「一魚八吃」，最終鑽研出「一魚十六吃」的絕活。

從一家雜貨店，到專賣活魚的店，到食客雲集的活魚餐廳，尤其是他還身兼大廚，大家吃了後不但付錢，還給了他很多讚美，媒體也紛紛加以報導，名利雙收的老闆，應該每天都笑得合不攏嘴才對吧？

其實不然，因為他離熱愛的釣魚活動卻越來越遠了，幾乎每隔兩個月才能釣一次的魚，日子越過越不開心。

人家說：「賺越多就會越快樂」（意即創造利潤），但用在這位愛釣魚的老闆身上，似乎根本不是這回事，賺越多錢讓他越痛苦。

忙碌加上痛苦，讓他的身體越來越走下坡，經由好友一再勸誡，他決定把餐廳頂讓。在太太的支持下，他以不錯的價錢把餐廳出售了。

創造顧客與滿足顧客

一手創立的餐廳頂讓後，這位雜貨店老闆又做了一件讓人「跌破眼鏡」的事。

他想了一整夜，從經營雜貨店到賣活魚，後來轉型為一魚十六吃的餐廳，這一切的一切，在他人的眼裡，似乎都經營得十分成功，但卻不是自己想要的，也不是自己所追求的夢想，只是因緣巧合罷了。

其實他自己最想做的，只是「釣魚」而已。因此，他決定回來釣魚尋樂，賣掉了餐廳後，他在傳統市場上，找到了一個不錯的魚攤位，改行賣起魚來。

由於已出了名的「一魚十六吃」，成了他的封號，在媒體報導與口耳相傳下，老客人紛紛又回來了，生意非常的好。

不久，他擴大營業，周邊的攤位也動了起來，大多改為賣魚了。原本勢微的傳統市場，如今已轉型成為「活魚市場」了。

由於他堅持以新鮮、種類多、有河魚、海魚還有養殖活海鮮，所以任何需要冰凍冷藏的海產、水產，他都一概婉拒。

結果遠近皆知，不單是愛吃魚的人，還有餐廳、日本料理店都專程來購買。雖然他十分忙碌，但他卻能享受釣魚的樂趣，又能經營活魚市場的成就滿足，何樂而不為呢！

這位「一魚十六吃」先生，從經營雜貨店到魚餐廳及活魚市場，他不斷「創造顧客」，根本沒想到要賺多少錢、創造多少利潤，只是透過解決客戶的問題與煩惱，滿足客人的需求和胃口。

他以「行銷」的角度切入，以「客人」的要求訴求，完全以客人的角度思考、研究，予以「創新」的作法，包括烹飪技術的創新，活魚十六吃的商品創新，以及堅持以活魚定位的市場經營創新，可以說是將傳統的餐廳、老舊市場以「行銷和創新」的作法，不斷地求新求變。

事實證明，他不但轉型成功，而且獲得客戶的認同和喜愛，成了被認為是夕陽業的傳統市場裡，「創造顧客與滿足顧客」的最佳典範。

13

花生變彩電的「海爾奇蹟」

為了「創造客戶」，
張利問了一個對的問題：
「他們除了一窮二白之外，
還有什麼東西？」
結果她創造了不可思議的
「花生變彩電」的成功案例。

企業是社會的器官

恩師杜拉克教我的「創造顧客而不是創造利潤」，給了我很大的啟發和反思。「創造顧客」應列為企業的優先任務，因為「創造顧客」是一件對的事。所以，我要問自己：

一、我能對顧客提供什麼？

二、我對顧客的「高附加價值」是什麼？

三、我要花多少時間在這個顧客身上，其效果又為何？

在提供諮詢時，我也常自問：

一、我現在最該做的一件事是什麼？

二、不是我想做什麼，而是顧客要我做什麼？

三、要做的這一件事，有沒有反對意見？

四、如果不做，會不會後悔？

任何組織都不能仰賴天才來運作，而是要交給我們一般的平凡人，照樣也可以經營，可以有效地管理。這樣的企業才有普遍性，才能生存下來，組織也才有存在的可能。

「創造利潤」不該是優先的考量，利潤是把事情做對做好後必然的結果。

也就是說，為了創造利潤拚命賺錢，為了想賺錢則拚命創造利潤，把利潤當做唯一的目的，當做對的事來幹，當做現在最該做的一件事去做，花大量的時間在創造利潤上，花全部的心力在賺錢上，結果卻常常適得其反。

真正該做的創造顧客，很多企業卻一籌莫展。因為他們只是不斷地推銷、打廣告、做活動、挨家挨戶兜售商品；不停地贈品、折扣戰、促銷、摸彩、集點，都只是想賺錢，而不是該做的創造顧客，最終陷入苦戰而無法自拔。

企業絕不能像其他生物一樣，只以自身的生存為目的，只要能延續後代，不致絕種，就算成功了。

企業其實是社會的器官，一個器官只有能對外界環境（客戶或用戶）作出功用，才算有用的器官，否則這家企業不但會成為社會的一大負擔，最終也將衰敗、滅亡。

目標為王，人單合一

海爾集團是世界知名白色家電製造商，（白色家電是生活及家事用的電器，例如電鍋、洗衣機、電冰箱、冷暖氣或微波爐等。）與IT業的聯想、華為集團、化妝品業的貝雅詩頓、乳製品業的蒙牛、網路業的阿里巴巴、百度等，都是該行業的頂級品牌，也是中國最具價值的品牌。

海爾集團總部設在中國青島，創業初期的主管，幾乎都會派往在第一線的店面或展示中心，親自與客戶接觸，其中甚至包括研發人員在內，好讓他們與客戶面對面，親自感受一下客戶的想法，體驗不滿和抱怨，進而能精準掌握客戶的需求，強化客戶的權益，滿足客戶未獲滿足的期望，落實公司「目標為王、人單合一」的經營理念。

「目標為王」的原則就是：

一、以目標作為公司經營策略的主軸。

二、以目標作為整合內外資源的依據。

三、以目標作為每位知識員工的工作準則。

四、以目標作為創造顧客的本質。

「人單合一」就是每位員工務必要取得訂單，善用自己的長才，實現客戶的期望，滿足客戶的需求，以此作為績效評鑑、核定薪酬的標準，做到事事有人做，貢獻人人有的目標。

所以，「目標為王，人單合一」的精神，完全合乎杜拉克的管理哲學思想。企業內部只有「成本中心與努力中心」，根本就沒有所謂的「利潤中心」這回事，一切的利潤都發生於企業之外，就是用戶的滿意、顧客的滿足，才是企業存在的真諦。杜拉克極力主張：

「經營企業唯一正確而有效的定義，便是『創造顧客』，而不是『創造利潤』。」

當然開公司就是要賺錢，若不賺錢就對不起這個社會、對不起員工、股東，只是杜拉克認為：

「一開始的起心動念，會影響日後的行為。例如開公司唯一的目的，若只是『創造利潤』，就容易誤導，也容易偏差，最終與罪惡為伍，做出對不起社會的事件。」

諸如企業生產黑心商品、排放污染、壓榨勞工等等，光明正大的理由便是節省成本，也就是要賺錢。這種只求利潤、只要生存「有什麼不可以？」的短視，加上人類的貪婪，讓這個世界更加混亂。所以杜拉克提醒我們：

「不要親近罪惡，甚至於遠離罪惡，轉而擁抱顧客、創造顧客。有了顧客（尤其是忠誠顧客）之後，自然就能遠離罪惡，收穫利潤、成就利潤。」

這是杜拉克高明的地方，也是大師對人性的洞見。

貝爾電話公司的模範

十九世紀初，美國貝爾電話公司總裁費爾先生，花了近二十年才創造出這家世界上最具規模、成長最大的民營企業。他先做出最了不起的四項重大決策，其影響至為深遠：

一、本公司以服務為目的

為了公司不被政府收歸國有，他提出這項公司設立準則。為了落實此一宗旨，還責成一項判斷經理人及其作業的標準，用以衡量服務的程度，當作考核其服務的成果。

二、採取「公眾管制」

這不僅是公司的目標，且交付各區的子公司總經理，藉以恢復各管制機構的活力，倡導管制與評等的觀念，以期能有公平合理的公眾管制。一面確保公眾利益，同時又能使貝爾公司得以順利經營。

三、以「明日」作為對手

在做這項重大決策時，他曾自問：「像貝爾公司這樣的獨佔性企業，究應如何才能永保其雄厚的競爭力？」

他十分明白一家獨佔性的企業，如果沒有競爭力，就將很快定型，而不能成長和創新。因此，他認為貝爾公司應以「明日」作為對手。原因是通訊事業是以「技術」最為重要，前途如何，端視其技術能否日新又新。

在這個前提下，「貝爾實驗室」成立了。目的在摧毀今日，創造一個不一樣的明日，促使「今日」變成落伍的科學研究機構。

四、開創一個大眾資金市場

這麼做的目的，乃在於確保該公司的民營型態的生存。因此，他發行普通股，為的是著眼於社會大眾，尤其是「莎莉姑媽」這種中產階層的主婦，給予保證的股息，完全符合他們的需要，既能享有資產增值，還可以免於通貨膨脹的威脅。

取自《有效的管理者》（*The Effective Executive*）

杜拉克講述費爾的四項重大決策，的確了得。

近百年之前的作為，如今的企業都未必能做到這些，也未必能有如此的視野、遠見、魄力與大手筆，不愧是杜拉克眼中的大決策家。

他這麼做的目的，都不是以考量利潤為出發點，而是以維護貝爾公司之生存。尤其他透過「創造顧客」，諸如本公司以服務為目的，照顧大眾的利益為依歸，成立貝爾實驗室與「莎莉姑媽」普通股，以保障公司得以順利運營，並持續地有效管理。

依我看來，費爾之所以偉大，乃在於他不去走後門與參眾議員打交道，做些利益輸送或見不得的勾當，甚至於不與罪惡為伍，完全不是以「解決問題」的手段執行，而是以「決策」的策略思維開創未來機會。

他以行銷（莎莉姑媽普通股）切入市場，形成一道防火牆。

他以創新（成立貝爾實驗室）的作法，追求技術再突破、商品再創新，明日打敗今日，日新又新。

他以生產力的自我提昇（包括衡量服務的制度與確保公眾利益的公眾管制作法）都是以「動態系統思考」的模式進行。以現代的管理學角度來看，確實是值得世人模倣學習的典範之一。

創造村民成用戶的典範

海爾集團的業務員張利，為了推廣業務，到了雲南省的昭通市威信縣時，在偏遠地區的小村莊裡，他一看完全楞住了。

村子裡村民住的是茅草舖頂，土磚當牆的房子，而且還有人穿補丁衣服。甚至有的家裡一條沒有補丁的好褲子，竟然是全家祖孫三代共有的財產，只有出門辦事才會穿在身上。他自問：

「到這樣的地方賣電視，可能嗎？」

為了「創造顧客」起見，張利問了一個對的問題：

「他們除了一窮二白之外，還有什麼東西？」

結果他發現，原來當地人生產了很多的花生，除了自己吃之外，剩下的卻都賣不出去，怎麼辦？張利以試探性的語氣問了村民：

「有沒有可能用花生換彩電呢？」

不料，村民喜出望外，簡直興奮極了，連聲叫好。

可是縣城裡的電器專賣店老闆就不樂意了，此時張利又幫老闆打了算盤，他說村民以批發價的花生換彩電，老闆不但買進花生能賺上一筆，賣出彩電又賺一筆，這樣的生意那兒找呢？

她說服了專賣店老闆，一試之下，竟然成功了。單是這個村子，就有四成的村民家中有了彩電，豐富了他們的生活，打開了他們的世界，擴大了他們的視野，創造了不可思議的「花生變彩電」、「村民成用戶」的成功案例。

大陸的極視傳播與東方出版社，為了傳播「管理學」，滿足偌大的全球市場，特別將這故事改以「劇本」的方式呈現，並以「杜老師」為主角，以企業的實務為題材，以公司的內外作為場景，以實際的狀況為情節，加上「了然、了尾、了了」的角色扮演，一幕幕的描述，一場場的對白，一串串的智慧言語以及一縷縷的人性激情，構成了〈杜老師的一天〉、〈杜老師的無知〉、〈杜老師的領導〉、〈杜老師的創新〉、〈杜老師的行銷〉……等十幾部劇本。

為了使眾多的讀者能有效地閱讀學習這些「劇本」語言，極視傳播公司動用了七人的漫畫創作小組，花了數年之久，從熟悉管理的語言開始，領悟箇中的奧秘。他們以漫畫的呈現方式，體現出劇情的觸動；以圖畫突顯內容的張力，活出劇中的人物現實；以漫畫的語言界面，詮釋管理哲學思想的精義；以圖畫的美感享受，打造一流漫畫式管理的創新讀物。在漫畫的有效襯托下，劇本內容的智慧一一地跳躍在圖畫中，顯得獨特而珍貴。

若能引起廣泛的關注和讀者的熱烈迴響，將再籌劃以網路E-Learning切入企業和各類型組織，以普及性進入企業內訓或講師的培育系統，建構一套有目的、有條理、有系統的一以貫之「營運哲學」模式，使得管理的通路準確而快速的活絡起來，讓杜拉克的原著書與「杜老師」的管理漫畫書，構成網狀學習，成為一個立體式的放射性行銷作法，也締造一個創新的學習方程式，這就是「創造顧客和滿足顧客」。

尤有甚者，該傳播組織為了擴大其影響力，創造更多的讀者與愛好者，也積極籌備開拍「動畫影片」（又稱動漫）以貼近客戶、吸引讀者與觀賞者。

這些題材都不是只以大陸讀者為主要訴求，甚至台灣、日本、韓國以及歐美英語國家，都是行銷範圍，達到管理動漫國際化的目的。

從劇本的創作、漫畫的呈現、E-Learning到動漫的發行，都是以「管理」為主軸，以「杜老師」為主角，以「客戶」為目的。

讀者不僅可以觀賞輕鬆的情節，杜老師的智慧、了然的純真、了尾的聰明、了了的機智，都可以讓客戶吸收完整的實務淬練，和放諸四海而皆準的管理精髓，這一切的一切都是以「創造讀者，滿足讀者」為最終的目的。

專注策略與市場地位策略

以「行銷」的角度來看，創造顧客是要在企業內要把員工當做「內部顧客」來看。杜拉克教我至少要問自己兩個問題：

一、專注策略

就是要專注員工「能做的是什麼事」，而不是「不能做什麼事？」意即要發揮人的長處。

這樣做既合乎人性，又是機會。若想改善人的短處，強制除去人的缺點，既是違反人性又是製造問題，賠了夫人又折兵。

公司要能創造一個優質的文化環境，給予員工發揮長才的機會，讓他們個個展現天賦，人人擁抱顧客，這樣的策略思維，才是專注策略的價值所在。

二、市場地位策略

就是在發揮員工（內部顧客）的長才之同時，也要考量他可能在這個領域內的某項專長，到底是排行前幾名？是頂尖好手？抑或是後段班？

評量絕不能以公司內部排名前茅為滿足，要讓他們以業界的高標作為自我的標竿，以某項能力的突破作為自己的極限挑戰，如此思維，正是市場地位策略的精神所在。

為了滿足內部顧客的需求，知識員工必須將自己所獲得的資訊、創意與知識與他人分享，讓人人確實掌握著有效的資訊、創意和知識，以「我能對顧客貢獻什麼」為核心，融入內部顧客並自問：

「我現在最該做的一件事是什麼？」

如此一來，善性循環，力上加力，最終才能對外界作出最大的貢獻。這樣既能滿足顧客需求，又能滿足組織的功能。

從「創新」的觀點來說，創造顧客在企業內要將員工當做「外部客戶」來看，如何善用創新的作法，予以滿足外部顧客（指員工而言）呢？杜拉克教我四種創新的作法就是：

一、要系統化的自我拋棄

拋棄對外部顧客不再有意義的制度、不再有任何價值的產品、不再具有生產力的系統、不再有任何前瞻性的專案項目、不再有激勵效果的薪酬方案、不再有效的培訓課程。

唯有不斷地自我拋棄，才能滿足於外部客戶的基本需求，包括消除發揮工作生產力的障礙、限制與不利條件。

二、產品或服務的創新

針對員工的服務創新，不是以賄賂方式收買知識員工，而是以人為核心、以長處為訴求、以績效為導向、以貢獻為依歸。這才是合乎人性、回饋社會的服務創新作法。

三、社會創新

也就是市場、消費者行為和價值的創新。

如何打造一個合乎員工的需求意願、熱情參與及積極行為的優質環境，進而堅固一個具有共同價值觀的文化內涵，營造一家具有社會創新的良好文化舞台，使內部顧客樂意工作，儘情發揮實力。

四、管理創新

為製造產品與服務，並將它們推出上市所需之各種技能與活動的創新。

對於員工的生涯規劃，必須納入管理，更需創新，尤其從加入起，務必宜儘速挖掘其強項，強化其長處，協助其發揮，建立一套屬於他自己有策略、有戰術、有系統的管理創新作法，予以有效的栽培人才計劃，把人才當做企業的第一要務，將公司打造成一家人才工廠，專業而有效的創新作法，使人才輩出代代相傳獲致永續經營。

「創造顧客而非創造利潤」必須仰賴行銷與創新才能獲致，而行銷與創新的工具有賴知識員工的有效發揮，這些都是杜拉克教我的重要課題。

這些教導使我能有效應用在諮詢CEO顧問工作上，總裁全球班以及家庭經營上，尤其對自我的幫助、對能力的提昇、對工作的成效、對人際的調和、對產值的倍增，都發生了令我驚奇的收穫。

彼得·杜拉克教我的第6件事

沒有反對意見就不做決策

14 豐田人要問的五次「爲什麼？」

豐田這種「剝洋蔥式」的質疑態度，
正是「沒有反對意見就不做決策」的範本。
為求真相，
為找機會的作風和文化，
已成為豐田汽車獨特而有效的決策模式。

天才的決策家

「沒有反對意見就不做決策」，聽起來似乎怪怪的，但這是恩師杜拉克教導我最具影響力的一課，也是我一生受用不盡的一課。

雖然在中年以前，我多次深受重創，最大原因是自己盲目的自信及迷信（其實是自大）所以不論是連鎖店的經營、房地產的買賣、顧問諮詢有一些小小成就，就時常自以為是，聽不進內人的意見，總以為她不懂，根本不要有任何意見，結果我付出了龐大的學費。

房地產的斷頭、紐西蘭移民的衝動與基金投資的失利，一次又一次給了我重擊，狠狠地教訓了我一課。

直到我赴美深造，從恩師杜拉克那裡學會了這一課之後，我終於醒悟過來，原來我是栽在這一件事上，便是：

「沒有反對意見，就不做決策。」

後來每逢重大決定，縱然家人都贊成我的決策，我也會再對外尋找他人給我的異議，因為沒有異議，沒有不同的見解，沒有反對意見，根本就不應該作決策，這是決策的第一條原則，我永生難忘。

杜拉克曾講了一個經典的案例，是通用汽車公司總裁史隆先生，曾在該公司一次高階層會議中說過這樣一段話：

「諸位先生，在我看來，我們對這項決策，都有了完全一致的看法了。」

出席會議的委員們都點頭表示同意。但是他接著說：

「現在我宣布會議結束，此一問題延到下一次會議時再行討論。我希望下回會議時，能聽到反對的意見，我們也許才能得到這項決策的真正瞭解。」

一個月後，這次會議中提到的案子被否決了。

杜拉克十分佩服史隆先生，稱他為「天才的決策家」，因為史隆堅守著「沒有反對意見，就不做任何決策」的原則。

他認為「見解」應該經得起事實的檢驗，而不是一開始就蒐集「事實」。大多數人是先有結論，再找證據，先有立場，再尋理由。史隆先生明白：

「一項正確的決策，必須從正反不同的意見中才能獲得。」

決策是一種判斷

多年來我有機會與CEO接觸中發現，大多數的決策都是一人拍板定案，萬人服從，少數的CEO會與高階團隊研商，偶而提提意見，根本談不上反對的意見，大部分是一面倒，倒向CEO。

偶爾也可見到極少數中的少數總裁，會以問題或疑問，引發相互衝突的意見，進而產生激辯，甚至喜愛反對意見，有時會以激勵的手段，挑戰現況，質疑現狀。最終我赫然發現一項事實：

「一致鼓掌通過的重大決策，絕大部分都是無效或失敗的決策，然而那些激辯過的決策卻成果豐碩無比。」

我永遠也忘不了杜拉克對於「決策」（Decision Making）的定義：

「決策是一種判斷；是若干項方案中的選擇。所謂選擇，通常不是『是與非』間的選擇，至多只是『似是與似非』中的選擇。而絕大多數的選擇，都是任何一項方案均不一定優於他案時的選擇。」

也正因為如此，很多領導者只好尋找「共識決策」。因為他們認為若無法建立「共識」，則公司的重大決策，根本就無落實執行的可能。

一項決策，若無法建立上下一致的意見，就想辦法使力地說服他們接納。再不然，就強制命令執行貫徹，否則就開罰。

但強制執行的結果，消滅了他們的工作動機，影響到他們的工作態度，其最終的結果如何，也就可想而知了。那麼解決之道呢？

杜拉克要我們多花時間探索這一決策的真正「目的」是什麼？至少要完成什麼「目標」，且要能滿足什麼樣的條件？

如此一來，決策者才能分辨症狀與病痛，區分局部與系統性治療。千萬別追求共識，必須要有足夠的異議和見解，讓大夥兒有多一些的認知與了解，如此的決策，才是合乎共識的要件。

也就是說，只有在不同的意見與旗鼓相當的見解中，才會出現真正有共識，否則僅求表面上的和諧與內心不服的共識，反而對決策本身有害。

決策者必須做下決定

或許有人也會質疑：在不同的見解和旗鼓相當的意見裡，所建立的「共識」會不會口服心不服呢？

當然是也會，也不會。

通常會引起不服的原因，是他不一定認同別的可行方案，會比自己所提的方案要好，來得正確。

不過，至少反對者他也提出過方案，表示過觀點與陳述理由了，所以雖不滿意但可以接受，也會適度地給予支持和必要的協助。

至於不會的理由，就是因為大家是透過公開、透明、坦白的理性交流，對事不對人的良性互動，透過質疑、辯證、論述，讓真理能越辯越明，道理能愈說愈白。

直到辯論終結時，決策者必須做下決定，而不是用舉手表決的方式處置，原因是這種作法是極不負責任的行為。

決策者必須果斷而準確的做下決策，並且承擔一切的成敗責任。這樣才不會有口服心不服的現象發生，更不太會有看笑話、等待收屍的心態，願意共同來面對最後的結果不論是好、是壞。

打破「彼得原理」

在企業裡，一個工作認真、能力卓越的基層員工，會被從升到低階主管（主任）；如果能力依然表現不錯，將繼續一路被升至中階主管（副理），進而到高階主管（經理）；直到公司的最高主管（總經理）。

但大部分的員工在中途就不能勝任，只好一直處在一個最終無法勝任的職位，這就是我們常說在組織裡的：

「彼得原理」。

為什麼那些多年來表現都很卓越的人士，突然間就無法勝任新工作了？

因為他們並沒有領悟到新工作所需的能力和具備的條件，還是依然故我，按照先前在舊職務上獲得成功並得以拔擢的那套作法。

他們之所以無法勝任新職，並不是因為能力變差，而是根本就沒做對的事。在工作上，有些問題要靠他人的指點和提醒，因為自己往往在前一個職務上做得越成功，就會越走上職務上的盲點、專業上的無能與熟練上的無知。

前面提到杜拉克在二十四歲時，在英國從金融保險公司的證券分析師，跳槽到小規模但成長快速的私人銀行，擔任執行秘書和經濟分析師。但一年後創始人弗里伯格卻提醒他：

「我知道你在那家保險公司的證券分析做得很出色，但如果我們要請你做證券分析師，就讓你待在原公司好了。現在你是合夥人的執行秘書，卻還繼續做證券分析的工作。你想清楚，現在該做什麼，才能在新工作中發揮效能？」

別以為自己無需改變，不必調整，就可以照樣做得好，還好創辦人願意講真話，提醒杜拉克勿以為昨日的成就，昨日的才華依然管用，可以延續下去，而不必去正視現實的環境如何，工作變更怎麼樣，最終必然要付出慘重的代價。

個人作決策也要有反對的意見，正如杜拉克換了工作，職務也需要創辦人的反對意見，才能認清自己工作真相，也才能做好新工作。

最終杜拉克為了價值觀的因素，辭掉這份工作。當時景氣蕭條，工作很難找，但他還是毅然決然地離開了公司，重新尋找工作。

日後證實當時他做了一項正確的決策，他沒有成為經濟學家，卻成了一位社會思想家，而且發明了「管理學」這項工具，來解決社會和人的問題，更帶來社會和人的莫大機會。

豐田式五問

某天早上，工廠的地板上出現一灘油漬，廠長一定要人把它清理掉，越快越好，但很少會出現像日本豐田汽車公司這樣的文化。

遇到這種狀況，豐田人一定會「親自看清楚」，並且詢問五次「為什麼？」。豐田的決策模式，不僅是要發覺問題的真正原因，更為重要的是「創造機會」。

一、工廠的地板上有一灘油，為什麼？

答：因為機器漏油。

二、為什麼機器會漏油？

答：因為油箱破了。

三、為什麼油箱會破？

答：因為我們所採購的油箱材質較差。

四、為什麼我們所採購的油箱材質較差？

答：因為價格低。

五、為什麼我們要採購價格低但品質差的油箱？

答：採購員的獎勵制度是視短期節省的開支而定，而不是看長期的績效表現。

豐田這種「剝洋蔥式」的質疑態度，正是「沒有反對意見就不做決策」的範本，為求真相，為找機會的作風和文化，已成為豐田汽車獨特而有效的決策模式。

豐田五問不是僅求清除油漬的解決表面問題，而是著眼於公司的未來機會，也就是改變「獎勵制度」，滿足「零缺點」的最高品質。

地球上最具競爭力的公司

用人不論是對組織，或是對企業而言，都是一件重大的決策。

那麼尋找一位「接班人」，尤其是一家百年以上的大企業，更是具有極高的風險。因為用錯一個總裁，如同一次的大海嘯，其殺傷力、破壞力與影響力十分的可怕。

然而幾千年來，人類並沒有學會如何建立一套有目的、有條理、有系統的「接班人遴選制度」，以利公司選對了人才、做對了事。

一個企業百年就無法撐過了，甚至千年，這是人類必須要面對而且要長期深思的課題。

然而，奇異電器公司卻打破了這個傳統，那是一家真正建立了一套「遴選接班人」制度的企業。

由於擁有這套系統，使得百年來的奇異公司培育許多世界級人才，包括財星五百大的ＣＥＯ在內，成為一家不折不扣的人才工廠，締造一家「地球上最具競爭力的公司」。

做事十分徹底的安迪・瓊斯，堅持挑選繼任總裁的過程，必須長期仔細考量每位候選人，且理智地挑出最具資格的人選。

這個結果呈現出企業歷史上繼承規劃的最佳典範，經過數年的遴選，但瓊斯挑選了年紀最輕的傑克・威爾許時，受到強烈的質疑，尤其是董事會成員的極力反對。

他們一致認為傑克．威爾許既不夠成熟，又沒有奇異人該有的血液。可是瓊斯心中明白，奇異需要一位變革者，而傑克．威爾許確實是一位改革者，於是乎安迪．瓊斯全力說服董事們，採取流傳至今的「飛機面試」。

飛機面試

所謂的「飛機面試」，就是三位候選人都有兩次面談的機會，第一次是冷不防的意外，第二次是則給予充分的時間反省準備。

在面試中，安迪．瓊斯會丟出一個頗具震撼力的問題：

「假如我們一起搭乘奇異公司的噴射客機，突然飛機失事，我倆都命喪黃泉。這時該由誰出任奇異的下一任總裁呢？」

等他們一一回答後，他再追問每位候選人：

「有那些高階經理人有能力排除這些障礙呢？」

最後瓊斯要求候選人，每人撰寫一份詳細的備忘錄，評估自己的績效和擔任總裁以後的方向。傑克．威爾許的備忘錄描述：

「不害臊地推銷個人的強項和管理哲學，最後並以強力的競選意願作為結束。」

最終安迪・瓊斯選出離經叛道，具有改革奇異官僚體制的傑克・威爾許，來擔任自己的「接班者」。威爾許於一九八一年四月就任奇異公司的總裁，年僅四十一歲，並於二〇〇一年卸任退休，締造出不凡的奇異，成為全球知名的服務跨國公司，交出一張極其亮麗的成績單。

安迪・瓊斯這項人事決策案，已被美國商業史列為十大成功的重大決策之一。

15 用杜拉克決策法購屋換屋

做任何重大決策時，務必把握住
「最基本、最廣泛、最長遠與最高層次」
否則做了一個決策，
又要被迫作第二個、第三個決策，
結果不斷地出現麻煩、製造問題。

正確的折衷

人總有採取折衷辦法的傾向，能為人所接受，乃是皆大歡喜的事，可是無法分辨何者為「正當的折衷和錯誤的折衷」的話，最終不免走到錯誤的妥協的方向去。

杜拉克於一九四四年承接一件最大的管理諮詢案時，年僅三十五歲的他，從通用汽車總裁史隆先生的一段話中學到真正的功課，這功課杜拉克認為可以作為所有領導者的座右銘。他回憶史隆這樣說：

「我不知我們要你研究什麼，要你寫什麼，也不知道該得到什麼結果，這些都是你的任務。我唯一的要求，只是希望你把你認為是對的部分寫下來。你不必顧慮我們的反應，也不必怕我們不同意。尤其重要的是，你不必為了使你的建議易為我們接受而想到折衷。在我們的公司裡，談到折衷，人人都會，不必勞你駕來指出。你當然可以折衷，只不過你必須先告訴我們『對』的是什麼，我們才能有『對的折衷』。」

取自《有效的管理者》（*The Effective Executive*）

所羅門王的智慧

爸爸剛下班回到家，就看見兩個兒子搶著要吃一塊麵包，兩兄弟爭鬧不休。

爸爸於是要哥哥先將麵包切兩半，怎麼切都沒關係，但條件就是要讓弟弟先選。

兄弟搶麵包最終能獲得解決，是因麵包只能用來吃，縱然切成兩半，還是麵包，而且「半片麵包總比沒有麵包好」，這是「對的折衷」，仍符合決策的邊界條件。

可是，《舊約聖經．列王記》裡，所羅門王審判兩位婦人爭奪嬰兒的故事，就與切麵包不同了。

所羅門當以色列王時，只有二十歲。他向神求賜智慧，好讓他能辨別是非，判斷訟案，治理國家。

有一天，兩位婦人各抱著一個嬰兒來見所羅門王，其中一個嬰兒已經死亡。兩位婦人都聲稱那個活著的嬰兒是她生的，為此爭吵不休。

她們要所羅門王主持公道，究竟這嬰兒是屬於誰的。所羅門王想了想，就叫部下拿一把大刀，要將活著的嬰兒剖成兩半，一人給一半。

當他提出這個建議時，有一位婦人立即哭著懇求不要動手，她願意把孩子讓給對方。但另一位則認為很公平，因為這樣誰都不能擁有孩子。所羅門王於是下令將孩子交還給哭著懇求的婦人，並說：

「那個不願意看到嬰孩被殺的母親，孩子才是她的。」

眾人都被所羅門王的智慧折服。後來「所羅門王的智慧」就成為一個人對事理析辨清楚，充滿智慧的象徵。例如：

「這件案子十分麻煩，當事雙方各持一理，真虧他有所羅門王的智慧，竟能如此輕鬆地就讓雙方都知理屈，退讓一步。」

在這個案例裡，嬰兒是一條命，劈成兩分，只是半塊屍體了，完全不符合決策的邊界條件，無法滿足嬰兒的活命條件，這是一個「錯的折衷」。

所以，所羅門王明白此一道理，為了保全嬰兒的性命，必須要作下果斷的決策，解決了雙方的爭執不休。

我的「換房計劃」

別人可能無法想像，「沒有反對意見就不做決策」，對我的影響到底有多大、多深、多遠呢？

不管我教學、授課、諮詢客戶、寫作出書或與家人相處、生活起居、健康管理、飲食控制、休閒旅遊、讀書計劃、研究講題、思考機會、財務規劃，這一思考模式幾乎是無孔不入。

不論與人交往、合作夥伴、參與記者會、論壇講演、電視節目、接受採訪、回答問題、腦力激盪，總是保持一分客觀，一分超然，一分開放，還有七分的反對意見，予以對事對人有幫助，對自己有收穫，否則就不參與座壁上觀。

杜拉克的「有效決策的五個要素」，已深深地影響我與家人，就拿「換房計劃」來說，請先看左圖：

◎有成效決策的五個要素

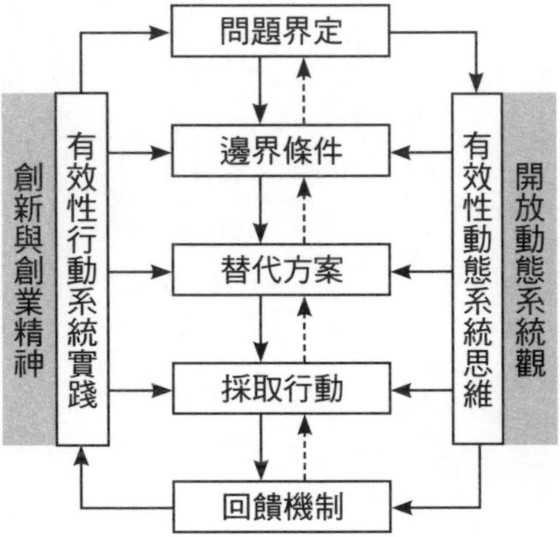

以下是我家「換屋計畫」的案例：

我們住在一棟透天三樓公寓的一樓，屋齡三十一年，面積七十五坪大，有前後院和地下室。

但因一樓溼氣重，全年陰暗，而且旁邊有酒吧，夜裡十分吵雜，加上時有喝酒鬧事互毆情事發生。家人大半因患上過敏性鼻炎，十分困擾，早就有換房打算。

可是住這裡好處也很多，像出入方便，有捷運、公車、兩條高速公路，後有公園綠地、市立圖書館總館，看書、找資料、閱讀國際刊物雜誌都很方便。

就這樣住了許多年，直到幾年前，我們才召開家庭會議，會中討論再三，確定要搬離舊屋。但我採取「沒有反對意見就不作決策」，結果引發了一連串的問題，也產生了三種不同的方案：

一、先搬出去租屋，待售出後再購。

二、邊賣邊看邊買，同時進行。

三、先買再賣。

經過討論後，第三項要準備的現金太多，不予考慮。第二項則變數太大，難以掌控，所以我們決定「先搬出去租屋，待售出後再購」。也就是「先租再賣後再買」。

我們選擇在台北市大安區，先租七樓公寓住一年，再將「原屋」清空整理乾淨後，委託仲介公司處理。

由於經濟大環境趨向不利於售屋，卻有利於購屋。因此，我們花了近六個月才脫手，再儘快著手購屋計劃，要在一年租約期間買下新屋（包括裝潢整修），這時我就必須納入杜拉克的「決策的五大要素」。

一、問題界定：

這是什麼樣的問題？

是突發性？經常性？是首次經常性？還是偶發問題？

我們是找一個安樂窩的問題，而不是「換屋」計劃而已，因而這是屬於經常性偶發的問題，必須以長期政策對應。

因此，要先制定標準的制度，例如屋子大小、房間幾間、預算多少、屋齡多久、安全問題、交通方便、生活機能、公園綠地、未來發展等細節等。

二、邊界條件

因為邊界條件要訂得越精細、越具體，決策才會越有效。至少要問自己三個問題：

1.**購屋的目的是什麼？**

2.至少要完成什麼目標？

3.**要能滿足什麼條件？**

經過數週的深思熟慮，悟到了這次要「換個優質環境」，目的在於讓全家人住得健康、住得舒適、住得安心、住得尊嚴。其次，至少還要達成保值（最好還能增值）的目標。

到底要滿足什麼樣的條件，才能符合邊界條件呢？

1.**坐北朝南**：

這樣座向的屋子較為冬暖夏涼，但還是留意西曬的問題。

2.**總價款**

大約在新台幣一千二百萬元以內，貸款設定為三百萬元，先付利息兩年，再以十五年期本金分月攤還。

3.**屋內佈置**

三房兩廳雙衛加一個儲藏室，一家四口，私密性高，生活起居不受拘束，住得舒適。

4.出入安全：

大廈需有管理員，以維護住戶生命財產的安全。周邊環境宜單純、人文素養要高、景觀美、不受遮擋，最好有行道樹。

5.要有電梯

沒電梯的五層以下公寓，隨著年歲漸長，爬樓梯就吃力了，提著東西更難。住家太高太低都不適合，在七樓華廈裡住五、六樓最合適，萬一有地震、火災發生時，可以登上頂樓等待救援；電梯故障下樓也不致於吃力。

6.採光要佳

最好三面採光，日照充足，細菌害蟲不易孳生。因為陽光能穿透室內，既可殺菌，又對身體有益，尤其過敏性的鼻炎。

7.生活機能：

住的周邊要有綠化、寬敞的人行道，交通要四通八達，要有公車、捷運、高速公路，吃的要有各式各樣的餐館、小吃、咖啡廳，還有購物中心、超級市場、醫院、牙科診所、體育館等公共設施。附近再有郵局、銀行、圖書館、公園、學校則

更佳。（不過孩子都已長大成人，故暫不考慮名校校區問題）

三、替代可行方案：

A案：全新的住宅華廈

絕不買預售屋，只買已蓋好的新屋，設備全，但價位很高，還要丟棄原有的家具和設備。

B案：中古的住宅華廈

二十年上下的屋齡，最好已裝修、設備齊全，只須添購家電、家具、床舖、沙發之類設備。顯然中古屋較符合預算。

C案：社區型的住宅華廈

設有游泳池、健身中心、托兒所、超市、中庭花園、綠地空間、景觀造景，管理較佳，但管理費用高，價位也不便宜，恐超出預算。

四、採取行動

這是決策中最耗時的步驟，卻也是最能實現成果、享受成果的階段。

為了慎重起見，我們採取了策略三部曲，予以有目的、有條理、有系統的執行過程。最終我們考慮到總價款，貸款額度及未來本金攤還的能力，決定採用B案，在中古華廈裡尋找。

第一部曲：先租

在時間緊迫的情急下所做的決策，大多是不愉快的決定。因此，先行在自己想要購置的社區內租上一年，就較能有充裕的時間挑選符合邊界條件的房子。

更值得一提的是，唯有親身感受社區的生活步調、人文氣息、消費水平、起居作息、居住品質、環境衛生等，才能作為購屋的參考指標。

第二部曲：後售

清理老家、稍作整理、粉刷牆壁、打掃乾淨，再委託仲介公司出售，結果看的人多，出價的少。

換了多家仲介之後，近半年後才脫手，總價為一五五〇萬元，是一個還可以接受的價位和總價款。

第三部曲：再購

將求購的中古住宅華廈的滿足條件，一一告知六家仲介公司，只有能符合這些條件的屋子，才願前往實地了解。

花了五個多月時間，親自看過五十一間房子，最終我們如願以償地買到極為中意的房子。

五、回饋機制：

由於決策是動態的情境，需要衡量內、外在的條件和變化，做快速的反應與適當的回應，此時，決策者必須保持客觀而理性的執著，既要堅持做對的事，又要接納不同的意見，甚至是反對的聲音，如此才能取得最佳成果。

也由於挨家挨戶實地了解，才能真實地感受到房子的無奇不有，分辨出適合與不適合。

有的房子美侖美奐，但細看之後破綻百出。

有的房子外表十分壯觀，但室內格局不佳。

有的房子外觀並不起眼，但屋內應有盡有，好覺溫暖。

有的房子裡外如一，十分中意，就是交通不便，衛生條件不好。

有的房子座落地段極佳，屋況良好，但價位過高。

有的是投機者以低價買進，再大肆裝修後卻以高價拋售。

有的房子是屋主自住，有的是因全家移民，有的是依法拍賣……等等。

看過的絕大多數都是中古屋，極少的房子是新的；大多數是公寓，只有為數不多的住宅華廈。

有的屋齡居然已接近半個世紀。

有的雖已二十年頭，卻怎麼也看不出它的歲月痕跡。

有的一眼就能分辨出老舊的屋況。

在裝修與設備方面，有的房子裝修得十分時尚，設備全無。

最敏感也是最難的要算是「討價還價」，有的房子真是物超所值，有的房價高得離譜。但不論如何，一談到價位，總是主觀的，買者希望越便宜越好，賣者希望越高越佳，最終是一個願打、一個願挨，兩廂情願才能拍板定案。

結論：

這項決策歷經九個多月的思考，再思考與心智的成長，這種過程驗證了杜拉克所說的真理：

「管理的本質，不在於知，乃在於行。」

的確，沒有實際實踐過的真理不算是真理，乃是空談。

由於購屋不但要考量銀行貸款條件和相關的優惠方案，經過三至五家的銀行交叉比較後，還要剖析萬一將來要脫手時的種種限制條件，及可能的售價預測與趨勢變化。

對這一切有了充分了解和研究之後，才能確定一套明確、簡單、清晰、具體一以貫之可操作的評估系統，同時要通過反饋機制予以快速而有效的修正或轉變，才有可能作出正確而有效的決策。

八個心得

在我們做出「換個優質環境」的重大決策前，對家人而言，必須循著彼得・杜拉克的策略思維，從「最基本、最廣泛、最長遠與最高層次」的構面去思考，要住上二、三十年就不成問題，就算脫手也很容易。

當初為了擬定「邊界條件」，我們還特地前往徵詢過房地產專家和經紀人的不同意見，並研究過許許多多專業雜誌、政府法規、城市規劃、國土重劃和專業書籍，花了數個月之久，才制定出滿足目的、目標的七項條件。

而在這期間，耗時最長、付出最多心血要算是「採取行動」。

由於必須親臨現場，一間一間地實地走訪和感受，竟花掉整整五個月，前後看過五十一間房子，並且一一做了筆記和鑽研，做為是否合乎邊界條件的依據。

最終我們選擇了B案，一棟二十四年屋齡的中古住宅華廈，總價款新台幣一三一〇萬元，完全符合預期邊界條件，甚至多了兩項紅利：全新六樓裝潢好的三房兩廳雙衛一儲藏室，外加一個葫蘆屋。而且房子佈局口小肚大，既擁人氣、私密性好、三面採光，真是棒極了。

這次換屋讓我真正學到一個重大的功課，過去的無知和失敗，換來的是美妙的現在以及美好的未來。以下是我的八個心得：

一、要做到決策思維、品質盡出，必先重視「決策過程」，而非僅成果。
二、要重視「未來機會」，而非單純解決眼前和表面問題。
三、要重視見解，而非事實和數據。
四、不是尋找答案，而是能「問對問題」。
五、不要唯一的方案，而是要多個替代可行方案。
六、不是要如何降低風險，而是要承擔「正當的風險」。
七、不是要大夥兒一致鼓掌通過，而是要力求有「異議」才行。
八、尤其最重要的是「沒有反對意見就不做決策」。

彼得·杜拉克教我的第7件事

組織不能只依賴天才來運作

16

馬歇爾將軍的用人哲學

一位將級領導若無特優表現，就必須立即調職。
因為他不稱職，僅是不稱於此職；
而不是說他在其他職務上不能勝任。
所以，選派他出任此職是我的錯誤；
因此，我應該負責找出此人的長處來。

職位就必須由人來擔任

杜拉克說：「組織不能只依賴天才來運作」，的確如此。因為按照人類學家的非正式統計，每百萬人才有一位天才，意即百萬分之一的機率，依此類推，台灣有二千三百萬人，所以有二十三位天才，大陸有十三億人口，也只有一千三百位天才。

果真這樣，天才的數量實在是少得可憐，那麼組織僅依賴天才來運作，那簡直是一場惡夢，更何況天才還不見得就能把組織經營得很好，往往可能更糟。

杜拉克教我的第七件事，就是組織不能只依賴天才來運作，因為這樣依賴天才運作的組織；

一、無法開始行動

要靠天才來運作，首先想找出這個天才就很難。

二、少不了某人

因為少了他，組織就會遭殃。他在組織在，他亡組織亡。

三、強人後遺症

有天他去了對手陣營，後果更糟。

四、缺乏橫向聯繫

仰賴個人魅力的組合，只有縱向，卻無橫向溝通。

五、沒有普遍性與前瞻性

組織必須依賴一群平凡人做出不平凡的事，才能有普遍性，才有前瞻性。

人總是人，都可能犯錯，因此，絕不能設計一個不可能達成「上帝」職位。

因為職位就必須由人來擔任，工作就必須由人來完成。因此，我們不該設計一個「普通人」做不到的職位。

「寡婦的職位」

為什麼組織裡會有必須靠「天才」才能完成的工作呢？

原因大多是先前有位「非常人物」做過這個職位，所以才按照這人物的特殊天份，定下了這份職位條件。

由於這一職位，必須具備多方才華之人才得以勝任，可是天底下那裡再找得出這樣的人物呢？

假如一個職位，總要具備特殊氣質的人才能勝任，這便註定了是不可能的職位，是一個杜拉克所說「寡婦的職位」。

組織裡的任何一個職位，先後幾個人擔任都失敗了，就該檢討這一職位。例如權責不明下的行政院長，到底是總統的幕僚長，還是內閣首長，這種誰做都是「五日京兆」的職位，就必須重新設計。

一旦發現某職位設計不當，應立即予以重新設計，而不該去尋找天才來擔任。

天才也不是真的找不著，但這樣做根本不務實，唯有「平凡人」足以完成「不平凡的事」的組織，才是好的組織。所謂「組織裡少不了某人」，意即少了他，事情就辦不成了。按杜拉克的觀點：

「通常我們說『少不了某人』，其原因不外有三點：

一、『他』其實並不行，不過是管理者沒對『他』苛求而已。

二、是由於管理者本人的能力太差，誤用了『他』的才幹，只是在勉強支持經理人的生存。

三、是本來潛存有某項嚴重問題，幸賴誤用『他』的才幹，反而將該項問題給掩蓋住了。」

強人的後遺症

杜拉克舉例說明「少不了某人」時，舉了美國一家連鎖店新任總經理，他在拔擢青年職員的故事。那位總經理有一套作法：

凡是有主管說起本單位「少不了某人」，他立刻調動那人的職務。因為他說：

「一位主管如果說少不了『他』，不是主管自己不行，就是那位少不了的『他』

不行；甚至兩個人都不行。所以，我每次聽到這句話，就要儘快找出答案。」

因為用人著眼於機會，而非著眼於問題。唯有經得起績效檢驗的人，才是可以拔擢的人。這應該是一條用人的鐵則。也唯有如此，才能開創一個有效的組織，才能夠激發熱情和忠誠，使組織有活力和變革的能力。

反之，對於一位沒有傑出表現的主管，或毫無表現的屬下，應該予以斷然地調職，調到他可以有績效表現的職位上，這是領導者用人的責任。

若讓他繼續待下來，只會影響全體人員，打擊團隊的工作士氣，害人害己害組織。尤其若主管無能，則不但是剝削了屬下發揮長才的機會；對於主管本人來說，也是一種「殘忍」的行為。杜拉克喜愛舉例美國馬歇爾將軍的故事：

「一位將級領導若無特優表現，就必須立即調職。」

有人質疑道：「主管調職，我們找不到繼任人選，怎麼辦？」

然而馬歇爾並不理會這類意見。他說：

「我們所重視的，只是這位主管不能克盡其職。至於何處去物色繼任人選，那是另外一回事。」

他接著更近一步解釋說：「因為他不稱職，僅是不稱於此職；而不是說他在其他職務上不能勝任。所以，選派他出任此職是我的錯誤；因此，我應該負責找出此人的長處來。」

在馬歇爾將軍的用人世界裡，沒有少不了某人，因為他不斷地培育人才，使軍中的將才源源不斷，出類拔萃。

在第二次世界大戰期間，經馬歇爾將軍提拔，後來升為將級軍官的人選，在當時幾乎都是藉藉無名的年輕將軍，艾森豪將軍也是其中之一。

當時他官拜少校，年僅三十餘歲。到了一九四二年，由於馬歇爾將軍的用人得宜，已替美國造就了一批有史以來為數最多，才幹出眾的將領。

經他提拔的將官，幾乎無人失敗，即使勉強算是第二流人才，也只有很少幾位，這真是美國軍事教育史上最輝煌的一頁。而杜拉克曾為馬歇爾將軍做事，所以才有如此的洞察和瞭解。

強人的後遺症，一旦當他離開了組織，組織很快就會瓦解，釀成一場災難。

強人之所以能成為強人，只是因為他急欲證明自己是個「強人」，不願培育接班人，如此一來，組織就必要仰賴強人，而強人也更要控制組織。

最終，只能寄望強人「心肌梗塞」，遺像掛在辦公室的牆壁上，要不然就要來一場「政變」才能挽救現況。可是歷史證明，「政變」只會帶來惡性循環。

強人總認為這個「組織」少不了自己，因為自己對於組織太重要了，甚至於認為「組織」需要自己，遠比自己需要組織的高。

為了實現自己那偉大的使命，不顧一切傾全力以赴，聽不進他人的建議，除去自己的眼中釘，用盡自己所寵愛的心腹，最終為所欲為，走上自大自滅的不歸路。

為了證明自己是一個不可或缺的天才，最後將組織送進了萬劫不復的深淵裡而不自知，埋葬了多少人的美夢，斷送了多少家庭的美滿，付出了難以想像的代價。

「雁行理論」不靈了？

組織絕不能仰賴個人魅力，必須要能建構「經營團隊」，就像飛行的雁子一樣，不靠自己，而是依賴團隊，只有在團隊裡借力使力才會不費力，才能省時省力，可以省下七十一％的力氣，這就是「雁行理論」。

在雁群裡，每一隻雁子都能輪流成為雁頭、雁中與雁尾，都能體會其中的角色扮演，就像日本企業一樣的作法。

但在今天高科技產業裡，無法再用雁行理論的經營方式，每個專業的部分愈分愈細，愈無法了解隔壁工程師的語言、專業與技術；而每個知識工作者的專業，也愈需要他人的貢獻、他人的投入、他人的協助及仰賴其他人的合作，否則什麼事也做不成。「雁行理論」要能行得通，必須仰賴管理知識與系統的建立。

就像一部汽車，是高達兩萬五千種零組件的組合，飛機甚至高達二十五萬種零組件。唯有依賴團隊的合作、客戶的合作、下游廠商的合作、上游原料的合作，才能成就一樣產品。

組織就像汽車、飛機、輪船等一般。任何單獨的零組件，必然都是優秀的、頂尖的個體，但卻無法成為一部車子、一架飛機、一艘輪船的功能，永遠不會。因為不管個別零組件是多麼的優異，多麼獨特，多麼神奇，它終究只是一個零組件罷了。它們必須仰賴其他二萬四千九百九十九種零組件的絕佳結合，才能構成具體的更大個體（汽車、飛機及輪船），才能載人載貨送達目的地。

因此，在知識的社會裡，組織不能仰賴個人的魅力或才華，必須要能建構「經營團隊」。就算工作是一人搞定，獨行俠似的彼得．杜拉克，他也不能只仰賴個人的才華出眾，聰穎過人，多高智慧。

在學校裡，他必須得仰賴校方的招生、課程安排、行政人員與硬體的設備的配合，方能有效的授課，發揮自己的長處。

在著作上，他也必須要仰賴出版社、主編的專業意見與有效的編輯、美編的設計、推廣計劃、通路的安排及印刷廠的美好配合，才能上市，影響讀者。

身為諮詢顧問的杜拉克，明白顧問能有所貢獻，必須仰賴該組織的執行能力，因為顧問師所能提供僅止於構想、資料、觀念和知識，其餘的落地生根、開花結果都只能仰賴該組織內部的團隊合作才有可能實現。否則再好的構想、再棒的知識、再有智慧的創新，都只是一堆意願而已，產生不了什麼作用。

身為知識工作者（Knowledge worker），並不生產「商品」。他生產的是：構想、資料和觀念，知識員工通常是一位專家，因此，唯有他能對某一方面的精通，他才會有效。

但所謂的「專長」，本身是片面的、孤立的，一個專家的產出，必須要與其他專家的產出併在一起，才能產生成果。

像杜拉克一樣，因為他是一位不折不扣的知識工作者，只是他懂得的領域太多、太豐富，但雖然如此，他還得仰賴團隊之運作，而非僅個人的長才而已。

組織必須仰賴「一群平凡人做出不平凡的事」，才能有普遍性，才有前瞻性。

否則任何組織都將無前途可言，任何人就毫無希望可提。

沒有任何一家企業，可以完全仰賴天才，就像NASA太空總署、微軟、Google、Facebook等組織，是否是一群天才做出超天才的事呢？就從組織的成員而言，是否全天才呢？有待考證。

就學理來說，智商達到一百四十以上就是天才，但這只是對於一般中學生而言。對於已進入職場工作的成人是否依然管用，不是我們研究的重點。

就嚴謹的角度說，天才也只能稱為較頂尖的知識員工而已。依專業領域而言，他只是某領域中的頂尖專家。

縱然組織真的網羅了所有的天才，它還是無法達到普遍性，因為天才總是罕見，而且不可預測。

反之，能否讓平凡人展現非凡的績效，能否激發每個人潛在的長處，最終能否創造出高績效的組織，都是一項重大的考驗。事實上，也唯有依靠一群平凡人的長處，才能創造出不平凡的事業來，才是有普遍性、有永續經營之可能。

17

林肯總統想要送的酒

當林肯總統任命格蘭特將軍為陸軍總司令時，有人來密告說，格蘭特嗜酒貪杯，難當大任。林肯卻回應：「假如我知道他喜歡什麼酒，我會送他幾桶。」後來的事實也驗證，格蘭特將軍臨危受命，正是南北戰爭勝負的轉捩點。

組織的精神

杜拉克認為組織必須仰賴「一群平凡人做出不平凡的事」，但這必須要具備兩項前提。

一是「組織的精神」。他用鋼鐵大王安德魯·卡內基的墓誌銘：「此人長眠於此，他很懂得如何延攬比他更優秀的人來為他服務。」

大師用這段墓誌銘來說明我們能仰賴的，只有「組織的精神」，因為只有建立優質的企業環境和良好的企業文化，才能使一群平凡人做出不平凡的事來。

從大自然的環境中我們得到教訓，也可以從之前提及青蛙身上我們學到寶貴的一課。

愈美好的環境愈適合人的居住，愈原始的叢林愈適合動物的生存。青蛙天生擁有人類沒有的本領，它有宏亮清脆的叫聲（數里之外照樣聽得到），又有驚人的彈跳能力（數倍於自己的身長），還有睜得超大的眼睛（尋找獵物），以及快又準的舌功（逮住獵物）。

青蛙就像組織裡的知識員工，憑藉著這四項超人的能耐闖蕩江湖，應該無憂無慮吧？事實不然，因為青蛙生來就有一項限制，身上的水分流失地特別快，需要隨時補充。一旦環境污染惡化下去，首當其衝的受害者就是青蛙。

所以，只要有一個「優質的池塘」，就無需擔憂沒有健康、活潑的青蛙。建構且維護一個青蛙喜愛居住的「優質池塘」，才是人類最大的福氣。

反之，惡質的池塘只會讓青蛙遠離或死亡，最終受害者還是人類本身。

而「組織的精神」裡，環境與人才的關係，猶如青蛙之於池塘。「環境」才是企業或組織最關鍵的成功因素，唯有優質的環境、精緻的文化，才能留得住員工，留得住人才。

只有對的人才，才能創造更為優質的環境和文化，這才是「讓一群平凡人做出不平凡的事」的第一項前提。

只問「能做什麼」

杜拉克提到的第二項前提，就是：「真正重要的是要問能做什麼，而不是不能做什麼。」

大師常教我們要善用「用人之所長的管理原則」，因為人之長處，才是真正的機會，人之短處，則是問題之所在。

發揮人的長處，才是組織的唯一目的。至於缺點是幾乎不能改變的，只不過我們可以設法使缺點不發生作用而已。

所以，用人的決策，不在於如何減少人的短處，而在於如何發揮人的長處。

「能做什麼」這是用人的關鍵重點，而不必太在乎「不能做什麼」。不能做什麼？只是一個人的限制罷了。

我有一位好友，育有一兒一女，女兒功課十分出色、自動自發，幾乎不必操心，只要提醒她早點睡、多喝開水、多吃水果，大概就可以的。

但只要一提及兒子，他就長長地嘆一口氣，不知道要如何才好。直到國中一年級的下學期，情況有了極富戲劇性的發展。

他兒子身高一七八公分，體重高達一百二十公斤，功課不好，人卻很講義氣，很快就成一群小混混的大哥，他時常是訓導室的座上賓，弄得父親焦頭爛額，疲奔於命，不知如何是好，儼然已成了家裡的一顆不定時炸彈。

父親幾夜未眠認真地思考了兩週（知識員工的思考即工作），他自問：

「到底兒子能做什麼？興趣是什麼？又有什麼愛好？」

他左思右想，實在找不出兒子到底有什麼長處，最終才想起兒子在上小學時踢過毽子，每當他踢毽子時，他那專注又熱情的神情，總叫我這個老爸好生驕傲，但上了國中後再也沒有踢過。

於是乎他展開行動，四處打聽，找到一所以踢毽子聞名海內外的中學，協助兒子轉校，成了該校的校隊。

只過了半個學期，情況十分的好，兒子的體重減輕了二十公斤，身體輕盈許多，人也變帥了，很快獲得女同學的愛慕和青睞，因而找回了自信心，無形中激勵了他的上進心。

上國二時，體重又減輕到八十公斤，毽子踢得更加出奇的好，贏得了許許多多的獎項，還代表學校到海外表演，非但讓他獲得尊嚴和成就，也激勵他重拾書本，奮發圖強。

不出一年光景，他的學業成績在班上名列前茅，並且考上了明星高中，成了一位人見人羨、文武全才的優秀學生。

這段變化與成長，他十分感謝父親的愛和引導，讓他在暗淡的十字路口找到了人生的座標，而改變了他生命的品質。

孩子的重大變化，並沒有花他太多的力氣，也沒有想像中那麼困難，只是透過「徹底思考」，找到了「他能做什麼？」並協助發揮他能做得更為出色，讓他找回自己、做自己，成為自己的主人，讓全家歡樂、人人歡心，不僅挽救孩子的命運，也找回了一個幸福的家庭，當然未來還有很多挑戰等待著呢。

除了這個辦法，還有其他替代可行的方案嗎？

教育孩子不是為了指出孩子的缺點或短處，更不是一味地糾正他們的毛病，讓他們喪失自尊心、失掉自信心，而是要能用心發掘孩子的強項或長處，給予適當的協助，好讓他們的強項或長處得以充分發揮，重拾信心且重建其人格上的健全發展，才是上策。

做父母的都夢想孩子十項全能，但這種夢想萬萬不能。縱然能，也可能變成限制，成為所謂樣樣通、樣樣鬆的窘境。尤其想改掉缺點、強化短處（自認為是激發潛能），最終短處不但沒有改「長」，反而連長處也被犧牲了，得不償失，令人扼腕。

在組織裡也是一樣，不問他能做什麼，反而窮追猛打他不能做什麼，美其名要幫助他、改變他。對於上司不是輔佐他，反而要改造他，最終傷害的恐怕不是他人，反而是自己，甚至於是組織。

事實上，「短處」幾乎是不可能改變的，改變短處縱然可能，也需要耗費極大的心力和成本，甚至於要付出慘重的代價，實在說是個不明智的舉動。

因此，我們只能設法讓短處不至發揮消極作用。身為領導者真正的任務和使命在於運用每一位知識員工的「長處」，讓他發揮成為「長才」，以作為組織共同績效和成果的建築材料。

多年前，剛從研究所畢業的大女兒，房間的門出了大問題。因為這扇拉門的設計十分罕見，非但沒有預留暗箱，而且只有在門的上方有軌道，門的下方則沒有軌條。

由於這是一扇很重的實心木門，上面靠著軌道鎖住固定，左右推拉。如今鎖不見了，我猜八成是掉入夾層裡頭了。

原本想自己動手修護，卻找不著軌道鎖，因而放棄。此時，腦中浮現出老鄰居（我已搬離）木匠高手黃大哥的影子，立即打了通電話求援。

經我細說明述後，他推薦了跟他搭配有半世紀之久的謝師傅，因為黃大哥說，謝師傅才是在軌道、齒輪方面的頂尖高手。

謝師傅依約而來，帶著大包工具，一看就知道他是非常專業的。他仔細檢查過後告訴我：

「詹先生，這門的齒輪雖然是日本貨，但似乎已經老舊了。我建議你重新設計訂做，你看怎麼樣呢？」

我聽了後，又問他一句：「除了這個辦法，還有其他替代可行的方案嗎？」

謝師傅說：「還有一個辦法，就是從夾層鑽洞去尋找軌道鎖輪，但不一定找得到，而且復原情況無法保證。」

遲疑約莫幾分鐘後，我告訴他，我選第二個。於是他拿出工具，把夾層的厚實木板鑽個大洞。不到十分鐘光景，他就找到了軌道鎖和安全閥。再經過兩小時整修，重新上鎖固定住了，終於門又可以「左右開關」了。

謝師傅是軌道鎖、齒輪、安全閥這方面的高手，所以我多問一句「除了這個辦法，還有其他替代可行的方案嗎？」就讓我省了一大筆錢。

找對人，做對事

《史記》有個經典故事，如今成了我們MBA（企管碩士）都要學的重要的一門課。

有天上朝，漢文帝劉恆問右丞相周勃：「天下一歲決獄幾何？」

周勃答：「我不知道。」

文帝又問：「天下一歲錢穀出入幾何？」

周勃又答：「我不知道。」

文帝再問左丞相陳平，陳平回答：

「陛下即問決獄，責廷尉；問錢穀，責治粟內史。」

文帝嚴厲地問：「既然他們都各司其職，那你在幹什麼？」

陳平答道：「我只做一件事，那就是找對人，做對事。」

（見《史記．陳丞相世家第二十六》）

杜拉克舉了一個決定美國歷史關鍵的用人之道。

南北戰爭的關鍵人物，就是北軍的格蘭特（Ulysses Grant）將軍。

當林肯（Abraham Lincoln）總統任命格蘭特將軍為陸軍總司令時，有人來密告說，格蘭特嗜酒貪杯，難當大任。林肯卻回應：

「假如我知道他喜歡什麼酒，我會送他幾桶。」

林肯在用了幾位大將來達成任務之後，才學會了用人之道，當然林肯總統不是不曉得酗酒可能誤事，但他更清楚在北軍諸多將領中，只有格蘭特能夠運籌帷幄，決勝千里。

後來的事實也驗證，格蘭特將軍臨危受命，正是南北戰爭勝負的轉捩點。

因此，儘管發覺人（包括上司、同僚、屬下）能做什麼？比不能做什麼重要，儘管發揮人的長處是合乎人性的，是機會的開發、問題的消失；但若少了「組織的精神」，一切都是枉然了。就像再健康、再活潑、再厲害的青蛙，也不可能跳入嚴重污染的池塘，除非它想自殺。

良好的組織精神，能讓個人的長處有充分發揮的空間，更讓人樂此不疲。因為組織精神能讓人發揮所長而不被排擠，不被嫉妒，甚至能被接納、被肯定、被獎勵，且讓個人的卓越績效表現對企業其他成員產生建設性的貢獻，樹立典範，成為被學習的模範。

杜拉克解釋「組織精神」時，強調一個良好的組織精神必須強調個人的長處，強調他能做什麼，而不是他不能做什麼，必須要不斷地改善團隊的能力和績效；把昨日的優良表現當做今天的最低要求，把昨日的卓越績效視為今天的一般水平。

他更進一步的指出我們大多數人的盲點，一個良好的組織精神真正的檢驗不在於「大家能否和睦相處」；他們強調的是績效，而不是一致。

「良好的人際關係」，若不是根植於良好的工作績效所帶來的滿足感與和諧合理的工作關係上，其實只是脆弱的人群關係，會導致組織精神的不良，不能促使員工成長，只會讓他們順從和退縮。

組織的精神在於強調共同的價值觀，而共同的價值觀成為選才、育才、用才的主軸，更是照顧客戶、滿足顧客的唯一準則，最終必須以回饋社會為依歸，以承擔社會責任為天職，這才是組織精神的精髓所在。

實踐的前提

既然「組織不能只依賴天才來運作」，而是必須仰賴「一群平凡人做出不平凡的事」。我們不能單靠「坐而言」，而是要能「起而行」，因為「管理的本質，不在於知，乃在於行」，唯有透過行動予以有效的實踐，才是「組織精神」成功與否的有力保證。

實踐的前提，必須自問：

一、我們的事業是什麼？

二、我們的事業將是什麼？

三、我們的事業究竟應該是什麼？

之後，才能找到真正的目標，而杜拉克的「目標管理與自我控制」（Management by Ojective, MBO, Self-control）恰恰是實現組織精神的最有效工具。

至於績效的評鑑，杜拉克也給了我們一個屢試不爽的系統思維工具，讓我受用不盡，每次應用它總是有意想不到的收穫。

所謂「我們的事業是什麼？」這個問題的答案只能從外部去尋找，也就是從客戶與市場的觀點來回答這個問題，由顧客來定義企業，亦即必須從顧客、顧客的事實、狀況、行為、期望及價值著手。

所以，必須要問：「誰是我們的顧客，顧客應該是誰？顧客在哪？顧客購買什麼？顧客認定的價值是什麼？」作為釐清我們事業的定位，也是今天之所以存在的理由。

「我們的事業將是什麼？」我們必須思考目前供給的商品與服務，尚未能滿足顧客的那些需求和慾望。而且預期未來五年或十年內，市場有多大？那些因素可能促成或阻礙這些預期的實現？尤其必須從人口統計學著手，必須以人口統計分析做為最紮實、最可靠的基礎。

「我們的事業應該是什麼？」必須要問有什麼機會正展現中？或者，可以創造什麼機會以跨入不同事業而實現企業的目的與使命。

企業在目標設定必須要問：

一、「我們的事業是什麼？」是以行銷切入。
二、「我們的事業將是什麼？」則以創新著手。
三、「我們的事業應該是什麼？」便是以轉型或重新創業為主。

這三句經典問句，至少在學校值二萬五千美元，當然在社會或組織裡，那就不知要值多少錢啦！要值多少就會有多少。

杜拉克教導我們，界定企業目的與使命是件困難、痛苦且具風險性的工作。但是唯有如此，企業才能設定目標、發展策略、集中資源、有所行動；也唯有這樣，企業才能創造績效。

以上這些界定是經理人的重大工作，因為經理人的有五大工作（如左頁表格）

一、設定目標

先決定目標應該是什麼？這是八個關鍵領域的目標，而不是只有一個目標。

二、組織分派

經理人從事組織的工作，分析達成目標所需的活動、決策和關係，並且選擇對的人來管理不同的單位，組織成適當的結構，也管理需要完成的工作。

三、激勵與溝通

內容 項目 目標		經理人的五大工作					三個平衡
		設定目標	組織分派	激勵與溝通	績效評價	人力發展(包括自己)	
八個關鍵領域的目標	行銷						1.目標根據可達到獲利能力取得平衡 2.目標需要在目前與未來需求之間取得平衡 3.各目標（八領域）之間必須相互平衡
	創新						
	人力資源						
	財物資源						
	實體設備						
	生產力						
	社會責任						
	利潤需求						
	三個平衡	1.企業成果與個人信守原則的實現之間平衡。 2.公司能在目前與未來需求之間取得平衡。 3.渴望的成果與實際的實力之間取得平衡。					

經理人必須排除其他人工作表現上的障礙，不打擊士氣，透過管理、獎懲和昇遷政策，建立高績效團隊。

四、績效評鑑

管理工作的基本要素是分析員工表現，也評估及詮釋他們的績效表現。

五、人力發展

經理人必須培育人才，包括自己在內，還要做到三個平衡：

1.企業成果與個人信守原則的實現之間平衡；

2.公司能在目前與未來需求之間取得平衡

3.渴望的成果與實際的實力之間取得平衡。

八個關鍵領域的目標

杜拉克提出的「八個關鍵領域的目標」，對我幫助頗大。尤其在協助企業或組織的CEO與領導者來說，特別有效，這也是杜拉克被譽為「超級顧問」的主要原因。因此，我特別予以說明，以利各界參考。

任何組織通常只有一個目標，例如，今年業績目標為三百五十億美元、我們明年將擠入全球五百大，公司今年的利潤率為十八%……等等。八個目標分別為：

一、行銷

行銷目標之前，必先做出兩項重大決策：

1.專注決策

就是公司決定要在那一個商品與服務的戰區打仗。

2.市場地位決策

就是企業必須決定應該在市場的那一個區隔、什麼商品、什麼服務、什麼價值上成為領導者。

二、創新

創新目標就是透過以下「創新的七大機遇」：

1.意想不到之處。

2.產業和市場上有落差之處。

3.流程之中容易受到打擊的地方。

4.不協調之處。

5.人口結構的改變。

6.觀點的變化。

7.新的知識。

企業的「創新」有以下三點：

1.產品創新

包括產品或服務的創新。

2.社會創新

包括市場、消費者行為和價值的創新。

3.管理創新

為了研發產品與服務，並將它們推出上市所需之各種技能與活動的創新。

企業必須預測為達成行銷目標所需要的創新，亦即根據產品線、現有市場、新市場及服務需求來決定需要什麼樣的創新。

三、人力資源

企業不僅需要設定明確的經理人的貢獻、發展與績效目標，也要設定員工和工會之間的關係設定目標。更要對員工的工作態度與技能發展設定目標，以利未來企業發展之所需。

四、財務資源

企業必須為資本的供給與利用設定目標，包括現金流量、長期的資金需求設定目標。

「人力資源、財務資源和實體設備」這三項關鍵領域的目標，都屬於「行銷領域」。意即要能以外部的需求、價值與期望為考量。思考以下問題：

1. 我們該以怎樣的工作吸引及留住所需的人才？
2. 人才市場的供給情況如何？
3. 我們該如何吸引人才？

至於資金的問題，則應該問：

1.我們的企業需要什麼樣的投資？
2.應該以銀行長期貸款方式或股票上市取得所需的資本？
有關實體設備的問題，則應該問：
1.我們到底租辦公大樓或是購買？
2.我們租廠房或是自己興建呢？

五、實體設備

工廠、辦公樓與商店的發展目標與其空間的利用率設定目標，也要為銷售商品的供給來源設定發展目標。

六、生產力

是管理能力的第一項考驗，因為企業需要為土地、勞力、資本等三項資源及企業的整體生產力設定生產力目標。

在特定領域中，企業之間唯一的差別是各管理階層的素質，而評量這項關鍵因素的指標是生產力，也就是資源的利用及報酬水平。

因此，管理階層最重要的工作之一，即是「持續提昇生產力」。實體資源與資本資源的生產力也同等重要，企業必須設定生產力目標。

有關生產力的問題就是要觀察各種資源的不同組合，找出能夠產生最適的產出與成本風險比率的資源組合。杜拉克一再強調：

「缺乏生產力目標的企業將失去方向，缺乏生產力評量指標的企業將失去掌控。」

真不愧是管理學教父，也是實務界的泰斗。

七、社會責任

企業必須慎思它對社會的影響及應該肩負的社會責任，並為兩者設定目標。

八、利潤需要

利潤既是需要，也是限制，企業需要利潤以支付為達成企業目標所需的成本。利潤是企業生存的條件，它等於是未來的成本，就是未來繼續經營的成本。但最重要的是，不論企業規模大小、複雜或單純，都應該計算景氣和不景氣期間的平均獲利力。

三種平衡

然而，在設定八個關鍵領域的目標同時，也需要做三種平衡：

一、目標必須根據可達成的獲利力來平衡。
二、目標必須在立即需要與未來需要之間做平衡。
三、各目標（八個關鍵領域）之間必須相互平衡。

杜拉克要我們切記：

「若不考慮立即的未來，就沒有更遠的未來；但如果為立即的未來而犧牲了更遠的未來，企業很快就沒有未來。」

大師的這句話，悟透了哲理，參透了策略之道。

取自《管理的使命》（*Management: Tasks, Responsibilities, Practices*）

企業需要的管理原則是：「能讓個人充分發揮長才和責任，凝聚共同的願景和一致的努力方向，建立團隊合作，調和個人目標和社會共同福祉的原則。」

然而「目標管理與自我控制」，是唯一能做到這點的管理原則。

所謂的「自我控制」意味著更強烈的工作動機，想要有更好的績效表現。

然而「目標管理」的主要貢獻在於我們能夠以「自我控制的管理方式」（自主管理）來取代「強制式的管理」（權威管理）。

事實上，「目標管理與自我控制」的有效管理方式下，也需要有一套適當的系統思維考核方式，杜拉克教導我們說：

「這套方式，第一步是列出對『他』過去職務和現任職務所期望的貢獻；再把『他』的實際績效紀錄，與此項期望貢獻相對照。」

最後，只要再問這四個問題，自然就清晰明白了。

一、『他』對什麼工作已有好的績效表現？

二、『他』還有些什麼工作可能有好的表現？

三、為了充分發揮其長才，『他』應該再多學些什麼？再取得些什麼？

四、如果我有個兒子或女兒，我願意讓我的子女在李四的指導下工作嗎？

1. 如果認為願意，為什麼？

2. 如果認為不願意，為什麼？

因此，我們用人是以他的長處為重心，不以短處為考量，因為短處只不過是個限制而已。

在我的經驗裡，一個人的長才不論有多好、多高、多棒，若在品格操守上有瑕疵，我肯定不會把自己的子女送入虎口，成為犧牲品。

因為一個人的品德與正直，其本身並不一定能成就什麼。但是一個人在品德和正直方面如果有問題，則大足以敗事，有這種缺點的人，根本沒有資格成為經理人，甚至於是領導者。

我們必須明白「組織不能只依賴天才來運作」，只能仰賴「一群平凡人做出不平凡的事」，這是杜拉克用人的洞見，也是經營任何組織的座右銘，更是杜拉克體現人性尊嚴和價值的非凡之處。

結語

一位「社會思想家」

被尊為「管理學之父」的彼得．杜拉克，他在一九五四年發明了「管理學」。他是第一位將管理系統化，且成為一門可學習的重要學科，影響這個世界、改變了這個世界，因而被世人譽為「管理學之父」。

杜拉克所教的不是一堆「成功」的黃金法則，而是一種「有效性」的心智習慣。

杜拉克所傳授的是直指「機會核心」的洞察力，而非一連串「問題解決」的秘方。

杜拉克要我們培養「做對事」的高能力，而不是成為「把事做對」的頂尖好手。

杜拉克指出行銷的本質是「我們能對顧客貢獻什麼？」，而非推銷的真相「我們可從顧客那兒賺取多少錢？」

杜拉克直截了當告訴我們「時間不用管理」，該管理是「行為」。有效的人都不是從他們的「任務」開始，而是從有效地掌握「時間」做起。

杜拉克要我們「一輩子僅做一件事」，更要常自問「我現在最該做的一件事是什麼？」

杜拉克一針見血地指出：「經營企業唯一正確而有效的定義便是—創造顧客」，而非「創造利潤最大化」的偏差；因為利潤只是一堆做對、做好事情的必然結果。

杜拉克教我們「沒有反對意見」就不做決策，而不是「一致鼓掌通過」皆大歡喜，事後再來慢慢懊悔。

杜拉克認為每個組織只能仰賴「一群平凡人做出不平凡的事」，就說明了杜拉克對「人」的熱衷，對人類終極的關懷的具體表現。

管理學乃是以人為出發點，且以個人的長處作為對社會貢獻的基礎，體現個人的地位和功能，使人人因而獲得尊嚴和價值。

所以，杜拉克的歷史定位不僅是「管理學之父」，他更是一位「社會思想家」。

附錄

彼得・杜拉克重要大事紀

一九〇九年　十一月十九日出生於奧地利維也納。父親亞道夫・杜拉克為律師及經濟學者，母親卡洛琳為奧地利首位女性醫學家，奶奶曾在由著名音樂家馬勒任樂團指揮的維也納愛樂交響樂團擔任獨奏。

一九二六年　完成拉丁語高級中學的學業以後，即動身離開維也納，前往德國的漢堡，稍後以半工半讀的方式，就讀漢堡大學法律系。不久，又轉學到法蘭克福大學，一邊繼續就讀未完成的法律學分，同時也選修了統計學課程。後來，杜拉克取得了法蘭克福大學公法及國際關係博士學位，博士論文主題是《從國際法觀點探討「準政府」的地位》。

一九二九年　開始兼任教職，課餘在華爾街一家證券公司的法蘭克福分公司擔任證券分析員，曾發表兩篇經濟學計量報告，其中一篇預測紐約股市將持續飆漲，結果紐約股市卻在當年十月大崩盤，使杜拉克從此遠離金融市場預測。

一九三三年　出版一本論德國保守政治學家施塔爾的小冊子，被納粹政府查禁和公開焚毀，於是決定離開德國，並移居倫敦，在倫敦一家商業銀行擔任經濟和證券分析員，這是他生平第一個正式的工作。

一九三七年　與桃莉絲結婚，移居美國，擔任《金融時報》等多家英國報社的駐美特派員。

一九三九年　出版《經濟人的終結》，這本書後來受到英國首相邱吉爾的稱讚，下令將其列為英國預備軍官學校學生必讀的教材。

一九四〇年　在一次學術會議上結識麥克盧漢，使杜拉克對科技與工作的關係、科技與人的關係有了另一層體會。

一九四五年　《企業概念》出版，這本書相當重要，全書三分之一的篇幅都在剖析通用汽車公司的政策與管理，其餘三分之二則透過通用汽車的實務經驗，探討戰後的企業如何實行社會角色，以及政府應該如何訂定經濟政策等課題。之後，杜拉克又陸續推出多本著作。譬如《新社會》

（一九五〇年），並成立一個非營利的管理基金會。

一九五四年　《管理的實踐》出版，全書所列舉的例證非常豐富，應用範圍非常廣泛，理論也非常生動靈活，尤其以「目標管理」普獲認同，一直到今天都還是管理界的主流觀念——很多人都認為這是杜拉克所提出的最重要且影響最深遠的一個觀念，也有很多人說，杜拉克在這一年以《管理的實踐》一書，「發明」了「管理」。

一九六六年　《有效的管理者》出版，杜拉克在書中強調「不論是最高主管、經理人的上司或經理人本身，甚至是員工，都應該管理自己。」

一九七一年　在加州克雷蒙爾特大學研究所開課，該校的商學院還以他的名字命名。之前曾在佛蒙特州班寧頓學院教授政治學和哲學，並在紐約大學商學研究所擔任管理學教授逾二十年。

一九七三年　《管理：任務、責任與實踐》出版，被譽為「管理學的聖經」。

一九七九年　自傳《旁觀者》出版。

一九八七年　克雷爾蒙特大學以他之名，成立「彼得·杜拉克管理中心」。

一九九〇年　「彼得·杜拉克非營利管理基金會」成立（二〇〇三年更名為「領導人對

談學會」），並積極舉辦活動、出版書籍，致力於傳播杜拉克的見解。

一九九七年　克雷爾蒙特大學將「彼得・杜拉克管理中心」改名為「彼得・杜拉克管理研究生院」。

一九九七年　富比世雜誌將杜拉克評選為封面人物，標題為「依然是思想最年輕的人」。之前美國《商業周刊》也曾盛讚他為「當代管理界不朽的思想家」。

二〇〇一年　全世界最大的非營利組織「救世軍」將最高榮譽「伊凡吉琳・布斯獎」頒給杜拉克，推崇他在非營利領域的深遠影響。

二〇〇二年　獲美國布希總統頒發「總統自由勳章」，以表彰他對管理領域的偉大貢獻，這是美國公民所能獲得的最高榮譽。

二〇〇四年　杜拉克的日籍友人、同時也是日本7-Eleven集團創辦人伊藤雅俊，其姓名被加入杜拉克管理研究生院的名稱當中，以紀念他與杜拉克的長年友誼，以及對克雷爾蒙特大學的慷慨資助。

二〇〇五年　十一月十一日，在加州的寓所安詳辭世，享年九十六歲。

國家圖書館出版品預行編目資料

彼得・杜拉克這樣教我的：管理學之父留給我的黃金筆記 / 詹文明 著. 第一版. --臺北市 : 文經社, 2009.10
面 : 公分. --（文經文庫：249）

ISBN 978-957-663-587-8（平裝）

1.杜拉克 （Drucker. Peter Ferdianand, 1909-2005）2. 學術思想 3. 管理科學
494. 98019096

文經社

文經文庫 249
彼得·杜拉克這樣教我的──管理學之父留給我的黃金筆記

著作人 — 詹文明
社長 — 吳榮斌
主編 — 管仁健
美術設計 — 游萬國
出版者 — 文經出版社有限公司
登記證 — 新聞局局版台業字第2424號
地址 — 241 新北市三重區光復路一段61巷27號8樓之3（鴻運大樓）
電話 —（02）2278-3158 傳真 —（02）2278-3168
法律顧問 — 鄭玉燦律師 電話 —（02）2915-5229

發行日 — 2009 年 11 月 第一版 第 1 刷
2021 年 8 月 第 13 刷

定價／新台幣 240 元 Printed in Taiwan

文經社在「博客來網路書店」設有網頁。網址如下：
http://www.books.com.tw/publisher/001/cosmax.htm
鍵入上述網址可直接進入文經社網頁。